Web 前端技术丛书

HTML5+
Vue.js 3.x

张工厂 编著

从入门到精通 ·视频教学版·

清华大学出版社
北京

内 容 简 介

本书通过对 HTML5+Vue.js 3.x 实例的介绍与演练，使读者快速掌握 HTML5+Vue.js 3.x 框架的用法，提高 Web 前端实战开发的能力。本书配套案例源码、PPT 课件、教学教案、同步教学视频、上机习题及答案，以及其他教学资源与答疑服务。

本书共分 21 章。内容包括 HTML5 快速入门，文本、图像和超链接，创建表格和表单，HTML5 绘制图形，HTML5 中的音频和视频，地理定位、离线 Web 应用和 Web 存储，认识 Vue.js 3.x，Vue.js 模板语法，精通指令，计算属性，绑定 v-bind 与 class 或 style，表单与 v-model 双向绑定，精通监听器，事件处理，过渡和动画效果，组件和组合 API，精通 Vue CLI 和 Vite，使用 Vue Router 开发单页面应用，使用 axios 与服务器通信，使用 Vuex 管理组件状态；最后通过开发一个网上商城项目，帮助读者进一步巩固和积累使用 HTML5+Vue.js 3.x 进行项目开发的知识和经验。

本书内容丰富、注重实践，对 HTML5+Vue.js 框架的初学者来说，是一本简明易懂的入门书和工具书；对从事 Web 前端开发的读者来说，也是一本难得的参考手册。同时本书也适合作为高等院校和培训机构计算机相关专业的教材。

图书在版编目（CIP）数据

HTML5+Vue.js 3.x 从入门到精通：视频教学版/张工厂编著. —北京：清华大学出版社，2022.8（2023.1重印）
（Web 前端技术丛书）
ISBN 978-7-302-61449-4

Ⅰ．①H… Ⅱ．①张… Ⅲ．①网页制作工具－程序设计 Ⅳ．①TP393.092.2

中国版本图书馆 CIP 数据核字（2022）第 136114 号

责任编辑：夏毓彦
封面设计：王 翔
责任校对：闫秀华
责任印制：宋 林

出版发行：清华大学出版社
      网   址：http://www.tup.com.cn，http://www.wqbook.com
      地   址：北京清华大学学研大厦 A 座   邮   编：100084
      社 总 机：010-83470000   邮   购：010-62786544
      投稿与读者服务：010-62776969，c-service@tup.tsinghua.edu.cn
      质 量 反 馈：010-62772015，zhiliang@tup.tsinghua.edu.cn

印 装 者：三河市君旺印务有限公司
经   销：全国新华书店
开   本：190mm×260mm   印   张：21.5   字   数：580 千字
版   次：2022 年 9 月第 1 版   印   次：2023 年 1 月第 2 次印刷
定   价：89.00 元

产品编号：090576-01

前　　言

随着用户页面体验要求的提高，Web 前端技术日趋重要，HTML5 技术的成熟，使其在前端技术中优势尽显。Vue.js 是一套构建用户界面的渐进式框架，采用自底向上增量开发的设计。Vue.js 的核心库只关注视图层，并且其学习比较容易，与其他库或已有项目进行整合也非常方便，所以 Vue.js 能够在很大程度上降低 Web 前端开发的难度，因此深受广大 Web 前端开发人员的喜爱，在国内外都有比较广泛的应用。

本书内容

本书共分 21 章，内容包括 HTML5 快速入门，文本、图像和超链接，创建表格和表单，HTML5 绘制图形，HTML5 中的音频和视频，地理定位、离线 Web 应用和 Web 存储，认识 Vue.js 3.x，Vue.js 模板语法，精通指令，计算属性，绑定 v-bind 与 class 或 style，表单与 v-model 双向绑定，精通监听器，事件处理，过渡和动画效果，组件和组合 API，精通 Vue CLI 和 Vite，使用 Vue Router 开发单页面应用，使用 axios 与服务器通信，使用 Vuex 管理组件状态。最后通过开发一个网上商城项目，帮助读者进一步巩固和积累使用 HTML5+Vue.js 进行项目开发的知识和经验。

本书特色

知识全面：涵盖了所有 HTML5+Vue.js 3.x 的知识点，讲解由浅入深，便于读者循序渐进地掌握 Web 前端的开发技术。

图文并茂：注重操作，图文并茂，在介绍示例的过程中，每一个操作均有对应的插图。这种图文结合的方式，使读者在学习过程中能够直观、清晰地看到操作的过程以及效果，便于快速理解和掌握。

易学易用：颠覆传统"看"书的观念，变成一本能"操作"的图书。

案例丰富：把知识点融汇于示例当中，并且结合综合实战案例进行拓展，让读者达到"知其然，并知其所以然"的效果。

贴心周到：本书对读者在学习过程中可能会遇到的疑难问题，以"提示"和"注意"的形式进行说明，避免读者在学习过程中走弯路。

代码支持：本书提供示例和综合实战案例的源代码，使读者在实战应用中掌握网站前端开发的每一项技能，并使本书真正体现出"自学无忧"，成为一本物超所值的好书。

超值资源：本书配套示例源代码、PPT 课件、同步教学视频、教学教案、上机习题及答案、Vue.js 3.x 常见错误及解决方法、就业面试题及解答、Vue.js 3.x 开发经验及技巧汇总等丰富的学习和教学资源，方便初学者自学和高校老师的教学活动。

读者对象

本书是一本完整介绍 HTML5+Vue.js 3.x 前端技术开发的教程，内容丰富，条理清晰，实用性强，适合以下读者学习使用：

- 没有任何 HTML5+Vue.js 3.x 网站前端开发基础的初学者
- 希望快速、全面掌握 HTML5+Vue.js 3.x 框架的前端开发人员
- 高等院校及培训学校的老师和学生

超值配套资源下载与答疑服务

要获取本书的配套资源使用微信扫描下面二维码，按扫描后的页面提示填写你的邮箱，把链接转发到自己的邮箱中进行下载。如果发现问题或者疑问，请用电子邮件联系 booksaga@163.com，邮件主题写"HTML5+Vue.js 3.x 从入门到精通（视频教学版）"。

鸣　谢

本书由张工厂编著，参加编写的还有王英英、刘增杰、胡同夫、刘玉萍、刘玉红。虽然本书倾注了编者的心血，但由于水平有限、时间仓促，书中难免有疏漏之处，欢迎广大读者批评指正。如果遇到问题或有好的建议，敬请与我们联系，我们将全力提供帮助。

编　者

2022 年 6 月

目　　录

第1章

HTML5 快速入门

目前网络已经成为人们生活、工作中不可缺少的一部分，网页设计也成为学习计算机的重要内容之一。制作网页可采用可视化编辑软件，但是无论采用哪一种网页编辑软件，最后都是将所设计的网页转化为 HTML。HTML 是网页的基础语言。因此，本章将介绍 HTML 的基本概念、编写方法及浏览 HTML 文件的方法，使读者初步了解 HTML，从而为后面的学习打下基础。

1.1 HTML5 概述

互联网上的信息是以网页的形式展示给用户的，因此网页是网络信息传递的载体。网页文件是用一种标签语言书写的，这种语言称为 HTML（Hyper Text Markup Language，超文本标签语言）。

HTML 是一种标签语言，而不是一种编程语言，主要用于描述超文本中的内容和结构。HTML 从诞生到今天，经历了二十几载，在其发展过程中也有很多曲折，经历的版本及发布日期如表 1-1 所示。

表1-1 HTML经历的版本及发布日期

版本	发布日期	说明
超文本标签语言（第一版）	1993 年 6 月	作为互联网工程工作小组（IETF）工作草案发布（并非标准）
HTML2.0	1995 年 11 月	作为 RFC 1866 发布，在 2000 年 6 月 RFC 2854 发布之后被宣布过时
HTML3.2	1996 年 1 月 14 日	W3C（万维网联盟）推荐标准
HTML4.0	1997 年 12 月 18 日	W3C 推荐标准
HTML4.01	1999 年 12 月 24 日	微小改进，W3C 推荐标准
ISO HTML	2000 年 5 月 15 日	基于严格的 HTML4.01 语法，是国际标准化组织和国际电工委员会的标准
XHTML1.0	2000 年 1 月 26 日	W3C 推荐标准，后来经过修订于 2002 年 8 月 1 日重新发布
XHTML1.1	2001 年 5 月 31 日	较 1.0 有微小改进
XHTML2.0 草案	没有发布	2009 年，W3C 停止了 XHTML2.0 工作组的工作
HTML5	2014 年 10 月	W3C 推荐标准

HTML 是一种标签语言，经过浏览器的解释和编译，虽然本身不能显示在浏览器中，但是其标记的内容可以正确地在浏览器中显示出来。HTML 语言从 1.0 至 5.0 经历了巨大的变化，从单一的文本显示功能到图文并茂的多媒体显示功能，许多特性经过多年的完善，已经成为一种非常成熟的标签语言。

HTML 最基本的语法是<标签符></标签符>。标签符通常都是成对使用，有一个开头标签和一个结束标签。结束标签只是在开头标签的前面加一个"/"。当浏览器接收到 HTML 文件后，就会解释里面的标签符，然后把标签符对应的功能表达出来。

1.2 HTML5 的文档结构

HTML5 文档最基本的结构主要包括文档类型说明、文档开始标签、元信息、主体标签和页面注释标签。

1.2.1 文档类型说明

在 HTML4 或早期的版本中，在创建 HTML 文档时，文档头部的类型说明代码如下：

```
<!DOCTYPE html PUBLIC "-//W3C//DTD XHTML 1.0 Transitional//EN" "http://www.w3.org/TR/xhtml1/DTD/xhtml1-transitional.dtd">
```

我们可以看到这段代码既麻烦又难记，HTML5 对文档类型说明进行了简化，简单到 15 个字符就可以了，代码如下：

```
<!DOCTYPE html>
```

1.2.2 HTML 标签

HTML 标签以<html>开头，以</html>结尾，文档的所有内容书写在开头和结尾的中间部分，语法格式如下：

```
<html>
...
</html>
```

1.2.3 头标签<head>

头标签<head>用于说明文档头部的相关信息，一般包括标题信息、元信息、定义 CSS 样式和脚本代码等。HTML 的头部信息以<head>开始，以</head>结束，语法格式如下：

```
<head>
...
</head>
```

　　提示：<head>元素的作用范围是整篇文档，定义在 HTML 文档头部的内容往往不会在网页上直接显示。

1. 标题标签<title>

　　HTML 页面的标题一般用来说明页面的用途，显示在浏览器的标题栏中。标题标签以<title>开始，以</title>结束，语法格式如下：

```
<title>
...
</title>
```

　　在标签中间的"…"就是标题的内容，可以帮助用户更好地识别页面。在预览网页时，设置的标题在浏览器的左上方标题栏中显示，如图 1-1 所示。页面的标题只有一个，在 HTML 文档的头部，即<head>和</head>之间。

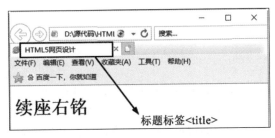

图 1-1　标题栏在浏览器中的显示效果

2. 元信息标签<meta>

　　<meta>标签可提供有关页面的元信息（meta-information），比如针对搜索引擎和更新频度的描述和关键词。

　　<meta>标签位于文档的头部，不包含任何内容。<meta>标签的属性定义了与文档相关联的名称/值，<meta>标签提供的属性及取值如表 1-2 所示。

表 1-2　<meta>标签提供的属性及取值

属性	值	描述
charset	character encoding	定义文档的字符编码
content	some_text	定义与 http-equiv 或 name 属性相关的元信息
http-equiv	content-type expires refresh set-cookie	把 content 属性关联到 HTTP 头部
name	author description keywords generator revised Others	把 content 属性关联到一个名称

（1）字符集 charset 属性

在 HTML5 中，有一个新的属性，即 charset，它使字符集的定义更加容易。例如，告诉浏览器，网页使用"ISO-8859-1"字符集显示，代码如下：

```
<meta charset="ISO-8859-1">
```

（2）搜索引擎的关键字

关键字在页面浏览时是看不到的，其使用格式如下：

```
<meta name="keywords" content="关键字,keywords" />
```

说明：

- 不同的关键字之间，应用半角逗号隔开（英文输入状态下），不要使用空格或"|"间隔。
- 关键字是 keywords，不是 keyword。
- 关键字标签中的内容应该是一个个的短语，而不是一段话。

例如，定义针对搜索引擎的关键词，代码如下：

```
<meta name="keywords" content="HTML, CSS, XML, XHTML, JavaScript" />
```

关键字标记 keywords，曾经是搜索引擎排名中很重要的因素，也是很多人进行网页优化的基础，但现在已经被很多搜索引擎完全忽略。关键字标签对网页的综合表现没有坏处，但是如果使用不恰当，对网页非但没有好处，还有欺诈的嫌疑。在使用关键字标签 keywords 时，要注意以下几点：

- 关键字标签中的内容要与网页核心内容相关，确保使用的关键字只出现在网页文本中。
- 使用易于通过搜索引擎检索的关键字，过于生僻的词汇不太适合作为<meta>标签中的关键字。
- 不要重复使用关键字，否则可能会被搜索引擎惩罚。
- 一个网页的关键字标签里最多包含 5 个重要的关键字，不要超过 5 个。
- 每个网页的关键字应该不一样。

提示： 由于设计者和 SEO 优化者以前对 meta keywords 的滥用，导致目前它在搜索引擎排名中的作用很小。

（3）页面描述

meta description（描述元标签）是一种 HTML 元标签，用来简略描述网页的主要内容，通常被搜索引擎用于搜索结果页上最终展示给用户看的一段文字片段。页面描述在网页中是不显示出来的，其使用格式如下：

```
<meta name="description" content="网页的介绍" />
```

例如，定义对页面的描述，代码如下：

```
<meta name="description" content="免费的 web 技术教程。" />
```

（4）页面定时跳转

使用<meta>标签可以使网页在经过一定时间后自动刷新，这可通过将 http-equiv 属性值设置为

refresh 来实现。content 属性值可以设置为更新时间。

在浏览网页时经常会看到一些欢迎信息的页面，在经过一段时间后，这些页面会自动跳转到其他页面，这就是网页的跳转。页面定时刷新跳转的语法格式如下：

```
<meta http-equiv="refresh" content="秒;[url=网址]" />
```

说明：上述代码中的"[url=网址]"部分是可选项。如果有这部分，页面定时刷新并跳转；如果省略该部分，页面只定时刷新，不进行跳转。

例如，实现每 5 秒刷新一次页面，将下述代码放入 head 标签部分即可。

```
<meta http-equiv="refresh" content="5" />
```

1.2.4　网页的主体标签<body>

网页所要显示的内容都放在网页的主体标签内，是 HTML 文件的重点所在，后面章节所要介绍的 HTML 标签都将放在这个标签内。<body>标签并不仅仅是一个形式上的标签，它本身也可以控制网页的背景颜色或背景图像，这会在后面进行介绍。主体标签以<body>开始，以</body>结束，语法格式如下：

```
<body>
...
</body>
```

注意：在构建 HTML 结构时，标签不允许交叉出现，否则会造成错误。

1.2.5　页面注释标签<!-- -->

注释是在 HTML 代码中插入的描述性文本，用来解释该代码或提示其他信息。注释只出现在代码中，浏览器对注释代码不进行解释，并且不在浏览器的页面中进行显示。在 HTML 源代码中适当地插入注释语句是一种非常好的习惯，对于设计者日后的代码修改、维护等工作都很有好处。另外，如果将代码交给其他设计者，其他人也能很快读懂原设计者所撰写的内容。

语法格式如下：

```
<!--注释的内容-->
```

注释语句元素由前、后两半部分组成，前半部分由一个左尖括号、一个半角感叹号和两个连字符组成，后半部分由两个连字符和一个右尖括号组成例如：

```
<!-- 这里是标题-->
<h1>HTML5 从入门到精通</h1>
```

1.3　HTML5 文件的编写方法

有两种方式来产生 HTML 文件：一种是自己写 HTML 文件，事实上这并不是很困难，也不需要特别的技巧；另一种是使用 HTML 编辑器，它可以辅助使用者来做编写的工作。

1.3.1 使用记事本手工编写 HTML 文件

前面介绍到 HTML5 是一种标签语言（标签语言代码是以文本形式存在的），因此所有的记事本工具都可以作为它的开发环境。HTML 文件的扩展名为.html 或.htm，将 HTML 源代码输入到记事本并保存之后，可以在浏览器中打开文档以查看其效果。

使用记事本编写 HTML 文件，具体操作步骤如下：

步骤01 单击 Windows 桌面上的"开始"按钮，选择"所有程序"→"附件"→"记事本"命令，打开一个记事本，在记事本中输入 HTML 代码，如图 1-2 所示。

步骤02 编辑完 HTML 文件后，选择"文件"→"保存"命令或按 Ctrl+S 组合键，在弹出的"另存为"对话框中选择"保存类型"为"所有文件"，然后将文件扩展名设为.html 或.htm，如图 1-3 所示。

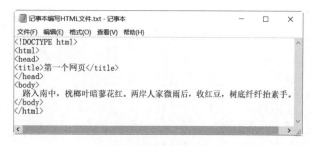

图 1-2 编辑 HTML 代码

图 1-3 "另存为"对话框

步骤03 单击"保存"按钮，保存文件。打开网页文档，预览效果如图 1-4 所示。

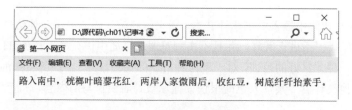

图 1-4 网页的预览效果

1.3.2 安装和使用编辑器 HBuilder

前期为了更好地理解网页中代码的含义，可以使用 HBuilder 编辑器来编写网页代码程序。HBuilder 上手难度低，比较轻快，对新手来说是个非常不错的前端开发编辑器。HBuilder 提供了完整的语法提示和代码输入法、代码块等，大幅提升了 HTML、JS、CSS 的开发效率。

安装和使用 HBuilder 的操作步骤如下：

步骤01 访问 HBuilder 的官网"https://www.dcloud.io/hbuilderx.html"，单击"Download"按钮，如图 1-5 所示。进入版本选择页面，这里选择标准版即可，如图 1-6 所示。

图 1-5　HBuilder 的官网

图 1-6　选择标准版

步骤 **02** 下载完成后，对其进行解压，然后双击"HBuilderX.exe"即可打开 HBuilder 软件，在主界面中单击"文件"菜单命令，选择"新建"菜单下的"项目"子菜单，如图 1-7 所示。

步骤 **03** 打开"新建项目"对话框，输入项目的名称，然后选择项目的模板，单击"确定"按钮，如图 1-8 所示。

图 1-7　选择"项目"子菜单

图 1-8　"新建项目"对话框

步骤 **04** 至此，即可成功创建一个网站前端项目，如图 1-9 所示。

图 1-9　创建一个网站前端项目

1.4　HTML5 语法的新变化

为了兼容各个不统一的页面代码，HTML5 的设计在语法方面做了以下变化。

1. 标签不再区分大小写

标签不再区分大小写是 HTML5 语法变化的重要体现，例如：

```
<BODY>人到情多情转薄，而今真个不多情。</body>
```

虽然 "<BODY>人到情多情转薄，而今真个不多情。</body>" 中开始标签和结束标签大小写不匹配，但是这完全符合 HTML5 的规范。

2. 允许属性值不使用引号

在 HTML5 中，属性值不放在引号中也是正确的。例如以下代码片段：

```
<input checked="a" type="checkbox"/>
<input readonly type="text"/>
<input disabled="a" type="text"/>
```

上述代码片段与下面的代码片段效果是一样的：

```
<input checked=a type=checkbox/>
<input readonly type=text/>
<input disabled=a type=text/>
```

提示：虽然 HTML5 允许属性值可以不使用引号，但是仍然建议读者加上引号。因为如果某个属性的属性值中包含空格等容易引起混淆的属性值，可能会引起浏览器的误解。

3. 允许省略部分属性的属性值

在 HTML5 中，部分标志性属性的属性值可以省略。例如，以下代码是完全符合 HTML5 规范的：

```
<input checked type="checkbox"/>
<input readonly type="text"/>
```

其中，checked="checked"省略为 checked，readonly="readonly"省略为 readonly。

第2章

文本、图像和超链接

文本和图像是网页中最主要也是最常用的元素。超链接是一个网站的灵魂。Web上的网页是互相链接的，单击被称为超链接的文本或图形就可以链接到其他页面。本章将开始讲解在网页中使用文字、文字结构标签、图像和超链接的方法。

2.1　添加文本

网页中的文本可以分为两大类：一类是普通文本，另一类是特殊字符文本。所谓普通文本是指汉字或者在键盘上可以输出的字符。如果其他窗口中有现成的文本，可以使用复制的方法把需要的文本复制过来。

目前，各行各业的信息都出现在网络上，而每个行业都有自己的行业特性，如数学、物理和化学都有特殊的符号，这些就是特殊字符文本。如何在网页上显示这些特殊字符是本节将要讲述的内容。

在 HTML 中，特殊字符以"&"开头，以";"结尾，中间为相关字符编码。例如，大括号和小括号被用于声明标签，因此如果在 HTML 代码中出现"<"和">"符号，就不能直接输入了，需要当作特殊字符处理。在 HTML 中，用"<"代表"<"符号，用">"代表">"符号。例如，输入公式"a>b"，在 HTML 中需要表示为"a>b"。

HTML 中还有大量这样的字符，例如空格、版权等。常用特殊字符如表2-1所示。

表 2-1　常用特殊字符

显示	说明	HTML 编码
	半角大的空格	
	全角大的空格	
	不断行的空格	
<	小于	&lt;

（续表）

显示	说明	HTML 编码
>	大于	>
&	&符号	&
"	双引号	"
©	版权	©
®	已注册商标	®
™	商标（美国）	™
×	乘号	×
÷	除号	÷

在编辑化学公式或物理公式时，使用特殊字符的频率非常高。如果每次输入时都去查询或者记忆这些特殊特号的编码，工作量是相当大的，在此为读者提供以下技巧：

（1）借助"中文输入法"的软键盘。在中文输入法的软键盘上右击，弹出特殊类别项（见图2-1），选择所需类型，如选择"数学符号"，弹出数学相关符号（见图2-2），单击相应按钮即可输入。

图 2-1　特殊符号分类　　　　　　　图 2-2　数学符号

（2）文字与文字之间的空格如果超过一个，那么从第 2 个空格开始都会被忽略掉。快捷地输入空格的方法：将输入法切换成"中文输入法"，并置于"全角"（Shift+空格）状态，直接按键盘上的空格键即可。

提示：尽量不要使用多个" "来表示多个空格，因为多数浏览器对空格的距离的实现是不一样的。

在 HTML 中用\<sup\>标签实现上标文字，用\<sub\>标签实现下标文字。\<sup\>和\<sub\>标签都是双标签，放在开始标签和结束标签之间的文本会分别以上标或下标形式出现。例如以下代码：

```
<!--上标显示-->
    <p>c=a<sup>2</sup>+b<sup>2</sup></p>
<!--下标显示-->
    <p>H<sub>2</sub>+O→H<sub>2</sub>O</p>
```

效果如图 2-3 所示，分别实现了上标和下标文本显示。

$$c=a^2+b^2$$
$$H_2+O \to H_2O$$

图 2-3　上标和下标预览效果

特别说明：在之后的章节中，示例不再提供完整的代码，而是根据上下文，将 HTML 部分与 JavaScript 部分单独展示，省略了<!DOCTYPE html>、<html>、<head>、<title>等标签，读者可以在本书配套的下载资源中查看完整的示例代码。

2.2　文本排版

在网页中如果要把文字都合理地显示出来，离不开段落标签的使用。对网页中的文字段落进行排版，并不像文本编辑软件 Word 那样可以定义许多模式来安排文字的位置。在网页中要让某一段文字放在特定的地方是通过 HTML 标签来完成的。

2.2.1　换行标签
与段落标签<p>

浏览器在显示网页时，完全按照 HTML 标签来解释 HTML 代码，忽略多余的空格和换行。在 HTML 文件里，不管输入多少空格（按空格键）都将被视为一个空格；换行（按 Enter 键）也是无效的。在 HTML 中，换行使用
标签，换段使用<p>标签。

1. 换行标签

换行标签
是一个单标签，没有结束标签。一个
标签代表一个换行，连续的多个标签可以实现多次换行。

【例 2.1】使用换行标签（源代码\ch02\2.1.html）。

```
<body>
元日<br/>爆竹声中一岁除<br/>春风送暖入屠苏<br/>千门万户曈曈日<br/>总把新桃换旧符
</body>
```

网页预览效果如图 2-4 所示，实现了换行效果。

图 2-4　换行标签的使用

2. 段落标签<p>

段落标签是双标签，即一对<p></p>标签，在<p>开始标签和</p>结束标签之间的内容形成一个段落。如果省略结束标签，从<p>标签开始，直到下一个段落<p>标签之前的文本都在一个段落内。段落标签中的 p 是英文单词 paragraph（段落）的首字母，用来定义网页中的一段文本，文本在一个段落中会自动换行。

【例 2.2】使用段落标签（源代码\ch02\2.2.html）。

```
<body>
```

```
<p>洛阳城里见秋风，欲作家书意万重。</p>
<p>复恐匆匆说不尽，行人临发又开封。<p>
</body>
```

网页预览效果如图 2-5 所示，<p>标签将文本分成了 2 个段落。

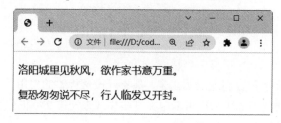

图 2-5 段落标签的使用

2.2.2 标题标签<h1>～<h6>

在 HTML 文档中，文本的结构除了以行和段出现之外，还可以作为标题存在。通常一篇文档最基本的结构就是由若干不同级别的标题和正文组成的。

HTML 文档中包含有各种级别的标题，各种级别的标题由<h1>到<h6>元素来定义，<h1>至<h6>标题标签中的字母 h 是英文 headline（标题行）的简称。其中，<h1>代表 1 级标题，级别最高，文字也最大，其他标题元素依次递减，<h6>级别最低。

【例 2.3】使用标题标签（源代码\ch02\2.3.html）。

```
<body>
<h1>这里是 1 级标题</h1>
<h2>这里是 2 级标题</h2>
<h3>这里是 3 级标题</h3>
<h4>这里是 4 级标题</h4>
<h5>这里是 5 级标题</h5>
<h6>这里是 6 级标题</h6>
</body>
```

网页预览效果如图 2-6 所示。

图 2-6 标题标签的使用

提示：作为标题，它们的重要性是有区别的，其中<h1>的重要性最高、<h6>的最低。

2.3　文字列表

文字列表可以有序地编排一些信息资源，使其结构化和条理化，并以列表的样式显示出来，以便浏览者能更加快捷地获得相应信息。HTML 中的文字列表如同文字编辑软件 Word 中的项目符号和自动编号。

2.3.1　无序列表<ul>

无序列表相当于 Word 中由项目符号引导的选项，项目排列没有顺序，只以符号作为分项标识。无序列表使用一对<ul></ul>标签，其中每一个列表项使用一对<li></li>标签，其结构如下所示：

```
<ul>
  <li>无序列表项</li>
  <li>无序列表项</li>
</ul>
```

在无序列表结构中，使用<ul>和</ul>标签分别表示这一个无序列表的开始和结束，<li>标签则表示一个列表项的开始。在一个无序列表中可以包含多个列表项，并且<li>标签可以省略结束标签。

【例 2.4】建立无序列表（源代码\ch02\2.4.html）。

```
<body>
<ul>
  <li>网站首页</li>
  <li> 经典课程
    <ul>
    <li>网站前端开发班</li>
    <li>网站后端开发班</li>
    </ul>
  </li>
  <li> 上课方式
    <ul>
    <li>线上课程</li>
    <li>线下课程</li>
    </ul>
  </li>
  <li>联系我们</li>
  <li>关于我们</li>
</ul>
</body>
```

网页预览效果如图 2-7 所示。

图 2-7　无序列表的效果

2.3.2　有序列表<ol>

有序列表的使用方法和无序列表的使用方法基本相同，它使用一对<ol></ol>标签，每一个列表项使用一对<li></li>标签。每个项目都有前后顺序之分，通常用数字表示。

【例 2.5】建立有序列表（源代码\ch02\2.5.html）。

```
<body>
<h3>本次商品销售排名如下：</h3>
<ol>
  <li> 洗衣机 </li>
  <li> 冰箱 </li>
  <li> 空调 </li>
  <li> 电视机 </li>
</ol>
</body>
```

网页预览效果如图 2-8 所示。读者可以从中看到新添加的有序列表。

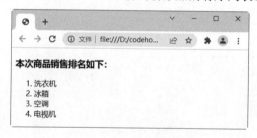

图 2-8　有序列表的效果

2.4　网页中的图片

俗话说"一图胜千言"，图片是网页中不可缺少的元素，巧妙地在网页中使用图片可以为网页增色。网页支持多种图片格式，并且可以对插入的图片设置宽度和高度。

2.4.1　使用路径

HTML 文档支持文字、图片、声音、视频等媒体格式，但是在这些格式中，除了文本是写在

HTML 中的，其他都是嵌入式的，HTML 文档只记录这些文件的路径。这些媒体信息能否正确显示，路径至关重要。

　　路径的作用是定位一个文件的位置。文件的路径可以有两种表述方法：以当前文档为参照物表示文件的位置，即相对路径；以根目录为参照物表示文件的位置，即绝对路径。

　　为了方便讲述绝对路径和相对路径，现有目录结构如图 2-9 所示。

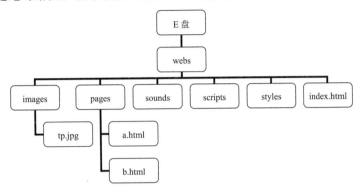

图 2-9　目录结构

1. 绝对路径

　　例如，在 E 盘的 webs 目录下的 images 下有一个 tp.jpg 图片，那么它的路径就是 E:\webs\images\tp.jpg，像这种完整地描述文件位置的路径就是绝对路径。如果将图片文件 tp.jpg 插入到网页 index.html，绝对路径表示方式如下：

```
E:\webs\images\tp.jpg
```

　　如果使用了绝对路径 E:\webs\images\tp.jpg 进行图片链接，那么在本地电脑中将一切正常，因为在 E:\webs\images 下的确存在 tp.jpg 这个图片。但如果将文档上传到网站服务器上后就不会正常了，因为服务器给你划分的存放空间可能在 E 盘其他目录中，也可能在 D 盘其他目录中。为了保证图片能正常显示，必须从 webs 文件夹开始，放到服务器或其他电脑的 E 盘根目录下。

　　通过上述讲解读者会发现，当链接本站点内的资源时，使用绝对路径对位置要求非常严格。因此，链接本站点内的资源不建议采用绝对路径。如果链接其他站点的资源，就必须使用绝对路径。

2. 相对路径

　　如何使用相对路径设置上述图片呢？所谓相对路径，顾名思义就是以当前位置为参考点，自己相对于目标的位置。例如，在 index.html 中链接 tp.jpg 就可以使用相对路径。index.html 和 tp.jpg 图片的路径根据上述目录结构图可以这样来定位：从 index.html 位置出发，它和 images 属于同级，路径是通的，因此可以定位到 images，images 的下级就是 tp.jpg。使用相对路径表示图片如下：

```
images/tp.jpg
```

　　使用相对路径，不论将这些文件放到哪里，只要 tp.jpg 和 index.html 文件的相对关系没有变，就不会出错。

　　在相对路径中，".."表示上一级目录，"../.."表示上级的上级目录，以此类推。例如，将 tp.jpg 图片插入 a.html 文件中，使用相对路径表示如下：

```
../images/tp.jpg
```

提示：细心的读者会发现，路径分隔符使用了"\"和"/"两种，其中"\"表示本地分隔符，"/"表示网络分隔符。因为网站制作好了之后肯定是在网络上运行的，所以要求使用"/"作为路径分隔符。

2.4.2 在网页中插入图像标签<img>

图像可以美化网页，插入图像使用单标签<img>。<img>标签的属性及描述如表 2-2 所示。

表 2-2 <img>标签的属性及描述

属性	值	描述
alt	text	定义有关图像未加载完成时的提示
title	text	定义鼠标放置在图像上的文本提示
src	URL	要显示的图像的 URL
ismap	URL	把图像定义为服务器端的图像映射
usemap	URL	把图像定义为客户端的图像映射。参阅<map>和<area>标签，了解其工作原理
vspace	pixels	定义图像顶部和底部的空白。不推荐使用，使用 CSS 代替
width	pixels %	设置图像的宽度

下面讲解常用的图像属性。

1. src 属性

src 属性用于指定图片源文件的路径，是<img>标签必不可少的属性。语法格式如下：

```
<img src="图片路径">
```

图片的路径可以是绝对路径，也可以是相对路径。下面的实例是在网页中插入图片。

【例 2.6】引用图像的源文件（源代码\ch02\2.6.html）。

```
<body>
<img src="images/meishi.jpg">
</body>
```

网页预览效果如图 2-10 所示。

图 2-10 插入图片

2. width 和 height 属性

在 HTML 文档中，还可以设置插入图片的显示大小，一般是按原始尺寸显示，但也可以任意设置显示尺寸。设置图像尺寸分别用 width（宽度）和 height（高度）属性。

【例 2.7】设置图像的宽度和高度（源代码\ch02\2.7.html）。

```
<body>
<!–原始图像、设置宽度为 200 和设置宽度为 200、高度为 300-->
<img src="images/meishi.jpg">
<img src="images/meishi.jpg" width="200">
<img src="images/meishi.jpg" width="200" height="300">
</body>
```

网页预览效果如图 2-11 所示。

图 2-11 设置图片的宽度和高度

从图 2-11 中可以看到，图片的显示尺寸是由 width 和 height 控制的。当只为图片设置一个尺寸属性时，另外一个尺寸就以图片原始的长宽比例来显示。图片的尺寸单位可以选择百分比或数值。百分比是相对尺寸，数值是绝对尺寸。

提示： 因为网页中插入的图像都是位图，因此在放大尺寸时，图像会出现马赛克，变得模糊。

在 Windows 中查看图片的尺寸，只需要找到图像文件，把鼠标指针移动到图像上，停留几秒后，就会出现一个提示框，说明该图像文件的尺寸。尺寸后显示的数字代表图像的宽度和高度，如 256×256。

2.5 URL 的概念

URL 为"Uniform Resource Locator"的缩写，通常翻译为"统一资源定位器"，也就是人们通常说的"网址"。它用于指定 Internet 上的资源位置。

2.5.1 URL 的格式

网络中的计算机是通过 IP 地址区分的，如果需要访问网络中某台计算机中的资源，首先要定位到这台计算机。IP 地址由 32 位二进制代码（32 个 0/1）组成，数字之间没有意义，且不容易记忆。为了方便记忆，现在计算机一般采用域名的方式来寻址，即在网络上使用一组有意义字符组成的地址代替 IP 地址来访问网络资源。

　　URL 由 4 个部分组成，即"协议""主机名""文件夹名""文件名"，如图 2-12 所示。

图 2-12　URL 的组成

　　互联网中有各种各样的应用，如 Web 服务、FTP 服务等。每种服务应用都要有对应的协议，通常通过浏览器浏览网页的协议都是 HTTP（超文本传输协议），因此网页的地址都以"http://"开头。

　　"www.webDesign.com"为主机名，表示文件存在于哪台服务器 ，主机名可以通过 IP 地址或者域名来表示。

　　确定到主机后，还需要说明文件存在于这台服务器的哪个文件夹中，这里的文件夹可以分为多个层级。

　　确定文件夹后，就要定位到文件，即要显示哪个文件，网页文件通常是以".html"或".htm"为扩展名。

2.5.2　URL 的类型

　　超链接的 URL 可以分为两种类型：绝对 URL 和相对 URL。

　　（1）绝对 URL 一般用于访问非同一台服务器上的资源。

　　（2）相对 URL 是指访问同一台服务器上相同文件夹或不同文件夹中的资源。如果访问相同文件夹中的文件，只需要写文件名；如果访问不同文件夹中的资源，URL 以服务器的根目录为起点，指明文件的相对关系，由文件夹名和文件名两部分构成。

　　下面的代码使用绝对 URL 和相对 URL 实现超链接。

```
<body>
<!--使用绝对 URL-->
单击<a href="http://www.webDesign.com/index.html">绝对 URL</a>链接到 webDesign
网站首页<br/>
<!--使用相对 URL-->
单击<a href="02.html">相同文件夹的 URL</a>链接到相同文件夹中的第 2 个页面<br/>
单击<a href="../pages/03.html">不同文件夹的 URL</a>链接到不同文件夹中的第 3 个页面
</body>
```

　　在上述代码中，第 1 个链接使用的是绝对 URL；第 2 个链接使用的是服务器相对 URL，也就是链接到文档所在的服务器的根目录下的 02.html；第 3 个链接使用的是文档相对 URL，即原文档所在目录的父目录下面的 pages 目录中的 03.html 文件。

2.6　超链接标签<a>

超链接是指当单击一些文字、图片或其他网页元素时，浏览器会根据指示载入一个新的页面或跳转到页面的其他位置。超链接除了可链接文本外，还可链接各种多媒体，如声音、图像、动画等，通过它们可享受丰富多彩的多媒体世界。

建立超链接所使用的 HTML 标签为一对<a></a>标签。超链接最重要的有两个要素：超链接指向的目标地址和设置为超链接的网页元素。基本的超链接结构如下：

```
<a href=URL>网页元素</a>
```

2.6.1　设置文本和图片的超链接

设置超链接的网页元素通常使用文本和图片。文本超链接和图片超链接通过一对<a></a>标签实现，将文本或图片放在<a>开始标签和</a>结束标签之间即可建立超链接。下面的实例将实现文本和图片的超链接。

【例 2.8】设置文本和图片的超链接（源代码\ch02\2.8.html）。

```
<body>
<a href="a.html"><img src="images/0371.gif"></a>
<a href="b.html">公司简介</a>
</body>
```

网页预览效果如图 2-13 所示。单击图片或文本即可实现链接跳转的效果。

图 2-13　文本和图片超链接效果

2.6.2　超链接指向的目标类型

通过上面的讲解，读者会发现超链接的目标对象都是.html 类型的文件。超链接不但可以链接到各种类型的文件（如图片文件、声音文件、视频文件、word 等），还可以链接到其他网站、FTP 服务器、电子邮件等。

1. 链接到各种类型的文件

超链接<a>标签的 href 属性指向链接的目标（可以是各种类型的文件）。如果是浏览器能够识别的类型，会直接在浏览器中显示；如果是浏览器不能识别的类型，会弹出文件下载对话框。

例如以下代码链接到一个 word 文件：

```
<a href="2.doc">链接 word 文档</a>
```

2. 链接到其他网站或 FTP 服务器

下列代码实现了链接到其他网站和 FTP 服务器的功能：

```
<a href="http://www.baidu.com">链接到百度</a>
<a href="ftp://172.16.1.254">链接到 FTP 服务器</a>
```

3. 设置电子邮件链接

在某些网页中，当浏览者单击某个链接以后，会自动打开电子邮件客户端软件（如 Outlook 或 Foxmail 等）以便向某个特定的 Email 地址发送邮件，这个链接就是电子邮件链接。电子邮件链接的格式如下：

```
<a href="mailto:电子邮件地址" >电子邮件</a>
```

例如：

```
<a href="mailto:357975357@qq.com">站长信箱</a>
```

当读者单击"站长信箱"链接时，会自动弹出电子邮件客户端窗口以编写电子邮件。

第3章

创建表格和表单

在 HTML 中，表格可以清晰地显示数据。表单主要负责采集浏览者的相关数据，例如常见的注册表、调查表和留言表等。本章主要讲述创建表格和表单的方法。

3.1 表格基本结构及操作

HTML 制作表格的原理是使用相关标签定义完成，如表格对象\<table\>、行对象\<tr\>、单元格对象\<td\>，其中单元格的合并在表格操作中应用广泛。

3.1.1 表格基本结构

表格一般由行、列和单元格组成，如图 3-1 所示。

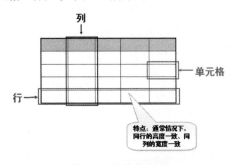

图 3-1 表格的组成

\<table\>标签用于标识一个表格对象的开始，\</table\>标签用于标识一个表格对象的结束。一个表格中，只允许出现一对\<table\>\</table\>标签。

\<tr\>标签用于标识表格一行的开始，\</tr\>标签用于标识表格一行的结束。表格内有多少对\<tr\>\</tr\>标签，就表示表格中有多少行。

<td>标签用于标识表格某行中一个单元格的开始，</td>标签用于标识表格某行中一个单元格的结束。<td></td>标签对书写在<tr></tr>标签对内，一对<tr></tr>标签内有多少对<td></td>标签，就表示该行有多少个单元格。

最基本的表格，必须包含一对<table></table>标签、一对或几对<tr></tr>标签以及一对或几对<td></td>标签。一对<table></table>标签定义一个表格，一对<tr></tr>标签定义一行，一对<td></td>标签定义一个单元格。如果需要添加表格的标题，可以使用<caption>标签。

【例 3.1】定义一个 2 行 5 列的表格（源代码\ch03\3.1.html，注意下述代码中的加粗部分）。

```html
<body>
<table border="1">                   <!--设置表格边框的粗细-->
  <caption>2 行 5 列的表格</caption>
  <tr>
  <td>A1</td>
  <td>B1</td>
  <td>C1</td>
  <td>D1</td>
  <td>E1</td>
  </tr>
  <tr>
  <td>A2</td>
  <td>B2</td>
  <td>C2</td>
  <td>D2</td>
  <td>E2</td>
  </tr>
</table>
</body>
```

网页预览效果如图 3-2 所示。

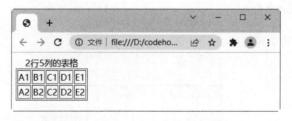

图 3-2　一个 2 行 5 列的表格

3.1.2　合并单元格

在实际应用中，并非所有表格都是规范的几行几列，有时需要将某些单元格进行合并，以符合某种内容上的需要。在 HTML 中合并的方向有两种，一种是上下合并，一种是左右合并。这两种合并方式只需要使用<td>标签的两个属性即可。

1. 用 colspan 属性合并左右单元格

左右单元格的合并需要使用<td>标签的 colspan 属性完成，格式如下：

```
<td colspan="数值">单元格内容</td>
```

其中，colspan 属性的取值为数值型整数数据，代表几个单元格进行左右合并。

例如，在例 3.1 的表格的基础上，将 A1 和 B1 单元格合并成一个单元格。为第一行的第一个<td>标签增加 colspan="2"属性，并且将 B1 单元格的<td>标签删除。

【例 3.2】用 colspan 属性合并左右单元格（源代码\ch03\3.2.html，注意下述代码中的加粗部分）。

```
<body>
<table border="1">                    <!--设置表格边框的粗细-->
  <tr>
  <td colspan="2">A1 B1</td>          <!--合并第一行的列 1 和列 2 单元格-->
  <td>C1</td>
  </tr>
  <tr>
  <td>A2</td>
  <td>B2</td>
  <td>C2</td>
  </tr>
  </tr>
</table>
</body>
```

网页预览效果如图 3-3 所示。

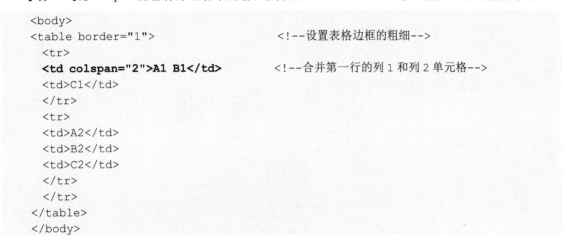

图 3-3　单元格左右合并

从预览图中可以看到，A1 和 B1 单元格合并成了一个单元格，C1 还在原来的位置上。

提示：合并单元格以后，相应的单元格标签就应该减少，例如，A1 和 B1 合并后，B1 单元格的<td></td>标签对就应该丢掉，否则单元格就会多出一个，并且后面单元格依次向右位移。

2. 用 rowspan 属性合并上下单元格

上下单元格的合并需要为<td>标签增加 rowspan 属性，格式如下：

```
<td rowspan="数值">单元格内容</td>
```

其中，rowspan 属性的取值为数值型整数数据，代表几个单元格进行上下合并。

例如，在例 3.1 的表格的基础上，将 A1 和 A2 单元格合并成一个单元格。为第一行的第一个<td>标签增加 rowspan="2"属性，并且将 A2 单元格的<td>标签删除。

【例 3.3】用 rowspan 属性合并上下单元格（源代码\ch03\3.3.html）。

```
<body>
<table border="1">                    <!--设置表格边框的粗细-->
```

```
<tr>
<td rowspan="2">A1A2</td>          <!--合并第 1 行的列 1 和第 2 行的列 1 单元格-->
<td>B1</td>
<td>C1</td>
</tr>
<tr>
<td>B2</td>
<td>C2</td>
</tr>
</table>
</body>
```

网页预览效果如图 3-4 所示。

图 3-4　单元格上下合并

从预览图中可以看到，A1 和 A2 单元格合并成了一个单元格。

通过上面对左右单元格合并和上下单元格合并的操作，读者会发现合并单元格的实质就是"丢掉"某些单元格。对于左右合并，就是以左侧为准，将右侧要合并的单元格"丢掉"；对于上下合并，就是以上方为准，将下方要合并的单元格"丢掉"。如果一个单元格既要向右合并，又要向下合并，该如实现呢？

【例 3.4】两个方向合并单元格（源代码\ch03\3.4.html）。

```
<body>
<table border="1">                  <!--设置表格边框的粗细-->
  <tr>
  <td colspan="2" rowspan="2">A1B1<br>A2B2</td>   <!--既要向右合并，又要向下合并-->
  <td>C1</td>
  </tr>
  <tr>
  <td>C2</td>
  </tr>
</table>
</body>
```

网页预览效果如图 3-5 所示。

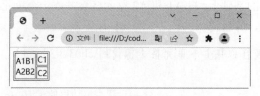

图 3-5　两个方向合并单元格

从上面的代码可以看到，A1 单元格向右合并 B1 单元格，向下合并 A2 单元格，并且 A2 单元格向右合并 B2 单元格。

3.2 设计产品报价单

利用所学的表格知识，制作如图 3-6 所示的产品报价单。

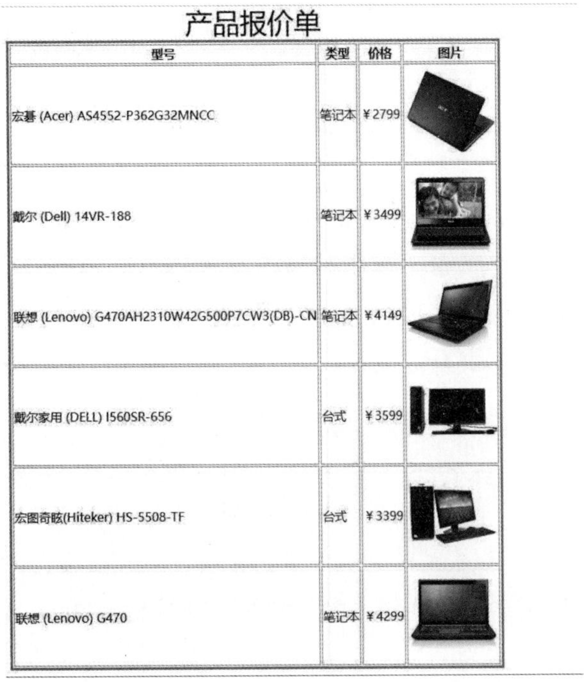

图 3-6 产品报价单

【例 3.5】设计产品报价单（源代码\ch03\3.5.html）。

```
<!DOCTYPE html>
<html>
<head>
<style>
table{
    /*表格增加线宽为 3 的橙色实线边框*/
    border:3px solid #F60;
}
caption{
    /*表格标题字号 36*/
    font-size:36px;
}
th,td{
    /*表格单元格（th、td）增加边线*/
    border:1px solid #F90;
}
```

```
    </style>

    </head>
    <body>
    <table>
      <caption>产品报价单</caption>
      <tr>
        <th>型号</th>
        <th>类型</th>
        <th>价格</th>
        <th>图片</th>
      </tr>
      <tr>
        <td>宏碁 (Acer) AS4552-P362G32MNCC</td>
        <td>笔记本</td>
        <td>￥2799</td>
        <td><img src="images/Acer.jpg" width="120" height="120"></td>
      </tr>
      <tr>
<td>戴尔 (Dell) 14VR-188</td>
<td>笔记本</td>
        <td>￥3499</td>
        <td><img src="images/Dell.jpg" width="120" height="120"></td>
      </tr>
      <tr>
        <td>联想 (Lenovo) G470AH2310W42G500P7CW3(DB)-CN </td>
        <td>笔记本</td>
        <td>￥4149</td>
        <td><img src="images/Lenovo.jpg" width="120" height="120"></td>
      </tr>
      <tr>
        <td>戴尔家用 (DELL)  I560SR-656</td>
        <td>台式</td>
        <td>￥3599</td>
        <td><img src="images/DellT.jpg" width="120" height="120"></td>
      </tr>
      <tr>
        <td>宏图奇眩(Hiteker)  HS-5508-TF</td>
        <td>台式</td>
        <td>￥3399</td>
        <td><img src="images/Hiteker.jpg" width="120" height="120"></td>
      </tr>
      <tr>
        <td>联想 (Lenovo) G470</td>
        <td>笔记本</td>
        <td>￥4299</td>
        <td><img src="images/LenovoG.jpg" width="120" height="120"></td>
      </tr>
    </table>
    </body>
```

```
</html>
```

上述代码利用<caption>标签制作表格的标题，<th>标签代替<td>标签作为标题行单元格。将图片放在单元格内，即在<td>标签内使用<img>标签。在 HTML 文档的 head 部分，增加 CSS 样式，为表格增加边框及相应的修饰。

3.3 表单基本元素的使用

表单主要用于收集网页上浏览者的相关信息，其标签为<form></form>。表单的基本语法格式如下：

```
<form action="url" method="get|post" enctype="mime"></form>
```

参数说明：

- action：指定处理提交表单的格式，它可以是一个 URL 地址或一个电子邮件地址。
- method：指明提交表单的 HTTP 方法。
- enctype：指明把表单提交给服务器时的互联网媒体形式。

表单是一个能够包含表单元素的区域，添加不同的表单元素将显示不同的效果，常见的表单元素有文本框、密码框、下拉菜单、单选框、复选框等。

1. 单行文本输入框 text

文本框是一种让浏览者自行输入内容的表单对象，通常被用来填写单个字或者简短的回答，如用户姓名和地址，代码格式如下：

```
<input type="text" name="..." size="..." maxlength="..." value="...">
```

参数说明：

- type="text"：定义单行文本输入框。
- name：定义文本框的名称，要保证数据的准确采集，必须定义一个独一无二的名称。
- size：定义文本框的宽度，单位是单个字符宽度。
- maxlength：定义最多输入的字符数。
- value：定义文本框的初始值。

2. 多行文本框标签<textarea>

多行文本框标签<textarea>主要用于输入较长的文本信息，代码格式如下：

```
<textarea name="..." cols="..." rows="..." wrap="..."></textarea >
```

参数说明：

- name：定义多行文本框的名称，要保证数据的准确采集，必须定义一个独一无二的名称。
- cols：定义多行文本框的宽度，单位是单个字符宽度。

- rows：定义多行文本框的高度，单位是单个字符高度。
- wrap：定义输入内容大于文本域时显示的方式。

3. 密码输入框 password

密码输入框是一种特殊的文本域，主要用于输入一些保密信息。当浏览者输入文本时，显示的是黑点或者其他符号，这样就增加了输入文本的安全性，代码格式如下：

```
<input type="password" name="..." size="..." maxlength="...">
```

参数说明：

- type="password"：定义密码框。
- name：定义密码框的名称，要保证唯一性
- size：定义密码框的宽度，单位是单个字符宽度。
- maxlength：定义最多输入的字符数。

4. 单选按钮 radio

单选按钮主要是让浏览者在一组选项里只能选一个，代码格式如下：

```
<input type="radio" name="..." value = "...">
```

参数说明：
- type="radio"：定义单选按钮。
- name：定义单选按钮的名称，单选按钮都是以组为单位使用的，在同一组中的单选项都必须用同一个名称。
- value：定义单选按钮的值，在同一组中它们的值必须是不同的。

5. 复选框 checkbox

复选框主要是让浏览者在一组选项里可以同时选择多个选项。每个复选框都是一个独立的元素，都必须有一个唯一的名称，代码格式如下：

```
<input type="checkbox" name="…" value ="…">
```

参数说明：

- type="checkbox"：定义复选框。
- name：定义复选框的名称，在同一组中的复选框都必须用同一个名称。
- value：定义复选框的值。

6. 选择列表标签<select>

选择列表主要用于在有限的空间里设置多个选项，既可以用作单选，也可以用作多选，代码格式如下：

```
<select name="..." size="..." multiple>
<option value="..." selected>
...
</option>
```

```
...
</select>
```

参数说明:

- name: 定义选择列表的名称。
- size: 定义选择列表的行数。
- multiple: 表示可以多选,如果不设置该属性,就只能单选。
- value: 定义选择项的值。
- selected: 表示默认已经选择本选项。

7. 普通按钮 button

普通按钮用来控制其他定义了脚本的处理工作,代码格式如下:

```
<input type="button" name="..." value="..." onclick="...">
```

参数说明:

- type="button": 定义普通按钮。
- name: 定义普通按钮的名称。
- value: 定义按钮的显示文字。
- onclick: 表示单击行为,也可以通过指定脚本函数来定义按钮的行为。

8. 提交按钮 submit

提交按钮用来将输入的信息提交到服务器,代码格式如下:

```
<input type="submit" name="..." value="...">
```

参数说明:

- type="submit": 定义提交按钮。
- name: 定义提交按钮的名称。
- value: 定义按钮的显示文字。

通过提交按钮可以将表单里的信息提交给表单里 action 所指向的文件。

9. 重置按钮 reset

重置按钮用来清空表单中输入的信息,代码格式如下:

```
<input type="reset" name="..." value="...">
```

参数说明:

- type="reset": 定义重置按钮。
- name: 定义重置按钮的名称。
- value: 定义按钮的显示文字。

本实例将结合表单内的各种元素来开发一个简单的网站的用户意见反馈页面。

【例 3.6】用户意见反馈页面（源代码\ch03\3.6.html）。

```
<body>
<h1 align=center>用户反馈表单</h1>
<form method="post">
<p>姓    名：
<input type="text" class=txt size="12" maxlength="20" name="username"/>
</p><p>性    别：
<input type="radio" value="male"/>男
<input type="radio" value="female"/>女
</p><p>年    龄：
<input type="text" class=txt name="age"/>
</p>
<p>联系电话：
<input type="text" class=txt name="tel"/>
</p><p>电子邮件：
<input type="text" class=txt name="email"/>
</p><p>联系地址：
<input type="text" class=txt name="address"/>
</p>
<p>
请输入您对网站的建议<br />
<textarea name="yourworks" cols="50" rows="5"></textarea>
<br />
<input type="submit" name="submit" value="提交"/>
<input type="reset" name="reset" value="清除"/>
</p>
</form>
</body>
```

网页预览效果如图 3-7 所示。此时即可完成用户反馈表单的创建。

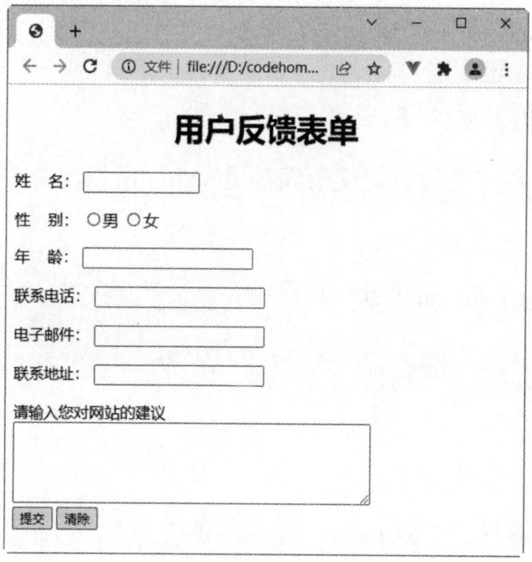

图 3-7 用户反馈页面

3.4　表单高级元素的使用

除了上述基本属性外，在 HTML5 中还有一些高级属性，包括 url、email、time、range、search 等。

3.4.1　url 和 email 属性

url 属性用于说明网站网址，显示为在一个文本框中输入 URL 地址。在提交表单时系统会自动验证 url 的值。其代码格式如下：

```
<input type="url" name="userurl"/>
```

另外，用户可以使用普通属性设置 url 输入框，例如可以使用 max 属性设置其最大值，使用 min 属性设置其最小值，使用 step 属性设置合法的数字间隔，利用 value 属性规定其默认值。对于另外的高级属性中同样的设置不再重复讲述。

与 url 属性类似，email 属性用于让浏览者输入 Email 地址。在提交表单时系统会自动验证 email 域的值。其代码格式如下：

```
<input type="email" name="user_email"/>
```

【例 3.7】使用 url 和 email 属性（源代码\ch03\3.7.html）。

```
<body>
<form>
  请输入网址：<input type="url" name="userurl"/><br />
  请输入邮箱地址：<input type="email" name="user_email"/><br />
  <input type="submit" value="提交">
</form>
</body>
```

网页预览效果如图 3-8 所示。用户可在第一个文本框中输入相应的网址，在第二个文本框中输入相应的邮箱地址。如果输入的 URL 格式不准确，或者输入的邮箱地址不合法，单击"提交"按钮，就会弹出提示信息。

图 3-8　url 和 email 属性的效果

3.4.2　日期和时间类型属性

HTML5 新增了一些日期和时间输入类型，包括 date、datetime、datetime-local、month、week 和 time，具体含义如表 3-1 所示。

表 3-1　日期和时间输入类型

属性	含义
date	选取日、月、年
month	选取月、年
week	选取周和年
time	选取时间
datetime	选取时间、日、月、年
datetime-local	选取时间、日、月、年（本地时间）

上述属性的代码格式类似，以 date 属性为例，代码格式如下：

```
<input type="date" name="user_date" />
```

【例 3.8】date 和 times 属性（源代码\ch03\3.8.html）。

```
<body>
<form>
请选择购买商品的日期：<br />
<input type="date" name="user_date"/>
</form>
</body>
```

网页预览效果如图 3-9 所示。用户单击输入框中右侧的按钮，即可在弹出的窗口中选择需要的日期。

图 3-9　date 属性的效果

3.4.3　number 属性

number 属性提供了一个输入数字的输入类型，用户可以直接输入数字或者通过单击微调按钮来选择数字，代码格式如下：

```
<input type="number" name="shuzi" />
```

【例 3.9】number 属性（源代码\ch03\3.9.html）。

```
<body>
```

```
<form>
<br/>此网站我曾经来<input type="number" name="shuzi"/>次了哦!
</form>
</body>
```

网页预览效果如图 3-10 所示。用户可以直接输入数字，也可以单击微调按钮选择合适的数字。

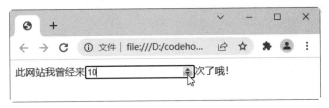

图 3-10　number 属性的效果

3.4.4　range 属性

range 属性可以显示一个滚动的控件，和 number 属性一样，用户可以使用 max、min 和 step 属性设置控件的范围。其代码格式如下：

```
<input type="range" name="" min="" max="" />
```

其中，min 和 max 属性分别控制滚动控件的最小值和最大值。

【例 3.10】range 属性（源代码\ch03\3.10.html）。

```
<body>
<form>
英语成绩公布了! 我的成绩名次为：<input type="range" name="ran" min="1" max="10"/>
</form>
</body>
```

网页预览效果如图 3-11 所示。用户可以拖曳滑块选择合适的数字。

图 3-11　range 属性的效果

提示：默认情况下，滑块位于滚动轴的中间位置。如果用户指定的最大值小于最小值，就允许使用反向滚动轴，目前浏览器对这一属性还不能很好地支持。

3.4.5　required 属性

required 属性规定必须在提交之前填写输入域（不能为空）。required 属性适用于以下类型的输入属性：text、search、url、email、password、date、pickers、number、checkbox 和 radio 等。

【例 3.11】required 属性（源代码\ch03\3.11.html）。

```
<body>
<form>
用户名称<input type="text" name="user" required="required"><br />
用户密码<input type="password" name="password" required="required"><br />
<input type="submit" value="登录">
</form>
</body>
```

网页预览效果如图 3-12 所示。如果用户只输入密码就单击"登录"按钮，就会弹出提示信息。

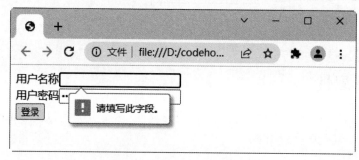

图 3-12　required 属性的效果

第4章

HTML5 绘制图形

HTML5 呈现了很多新特性，其中一个最值得提及的特性就是 HTML 的<canvas>标签，可以对 2D 或位图进行动态脚本的渲染。canvas 是一个矩形区域，使用 JavaScript 可以控制其中的每一个像素。

4.1　canvas 概述

canvas 是一个新的 HTML 元素，可以被 Script 语言（通常是 JavaScript）用来绘制图形。例如，可以用它来画图、合成图片或制作简单的动画。

4.1.1　添加 canvas 元素

<canvas>标签是一个矩形区域，包含 width 和 height 两个属性，分别表示矩形区域的宽度和高度。这两个属性都是可选的，并且都可以通过 CSS 来定义，其默认值是 300px 和 150px。

canvas 在网页中的常用形式如下：

```
<canvas id="myCanvas" width="300" height="200" style="border:1px solid #c3c3
c3;">
Your browser does not support the canvas element.
</canvas>
```

在上面的示例代码中，id 表示画布对象名称，width 和 height 分别表示宽度和高度；最初的画布是不可见的，此处为了观察这个矩形区域，使用 CSS 样式，即<style>标签，style 表示画布的样式。如果浏览器不支持画布标签，就会显示画布中间的提示信息。

canvas 本身不具有绘制图形的功能，只是一个容器，如果读者对于 Java 语言有所了解，就会发现 HTML5 的画布和 Java 中的 Panel 面板非常相似，都可以在容器中绘制图形。

使用 canvas 结合 JavaScript 在网页上绘制图形，一般情况下有如下几个步骤。

步骤01 JavaScript 使用 id 来寻找 canvas 元素，即获取当前画布对象。

```
var c=document.getElementById("myCanvas");
```

步骤02 创建 context 对象。

```
var cxt=c.getContext("2d");
```

getContext 函数返回一个指定 contextId 的上下文对象，如果指定的 id 不被支持，就返回 null。当前唯一被强制支持的是 2D，也许在将来会有 3D。注意，指定的 id 是大小写敏感的。对象 cxt 建立之后，就可以拥有多种绘制路径、矩形、圆形、字符以及添加图像的方法。

步骤03 绘制图形。

```
cxt.fillStyle="#FF0000";
cxt.fillRect(0,0,150,75);
```

fillStyle 函数设置颜色为红色，fillRect 函数规定了形状、位置和尺寸，这两行代码绘制一个红色的矩形。

4.1.2 绘制矩形

单独的一个<canvas>标签只是在页面中定义了一块矩形区域，并无特别之处，开发人员只有配合使用 JavaScript 脚本才能够完成各种图形、线条以及复杂的图形变换等操作。与基于 SVG 来实现同样绘图效果来比较，canvas 绘图是一种像素级别的位图绘图技术，而 SVG 则是一种矢量绘图技术。

使用 canvas 和 JavaScript 绘制一个矩形，可能会涉及一个或多个函数，这些函数如表 4-1 所示。

表 4-1　绘制矩形的函数

函数	说明
fillRect	绘制一个矩形，这个矩形区域没有边框，只有填充色。这个函数有四个参数，前两个表示左上角的坐标位置，第三个参数为长度，第四个参数为高度
strokeRect	绘制一个带边框的矩形。该方法的四个参数的解释同上
clearRect	清除一个矩形区域，被清除的区域将没有任何线条。该函数的四个参数的解释同上

【例 4.1】绘制矩形（源代码\ch04\4.1.html）。

```
<body>
<canvas id="myCanvas" width="300" height="200" style="border:1px solid blue
">
Your browser does not support the canvas element.
</canvas>
<script type="text/javascript">
var c=document.getElementById("myCanvas");
var cxt=c.getContext("2d");
cxt.fillStyle="rgb(0,0,200)";
cxt.fillRect(10,20,100,100);
</script>
</body>
```

在 HTML 的代码中,首先定义一个画布对象,其 id 名称为 myCanvas,其高度和宽度分别为 200px 和 300px,并定义了画布边框显示样式。在 JavaScript 代码中,首先获取画布对象,然后使用 getContext 获取当前 2d 的上下文对象,并使用 fillRect 绘制一个矩形。其中涉及一个 fillStyle 属性,fillstyle 用于设定填充的颜色、透明度等,如果设置为“rgb(200,0,0)”, 就表示一个颜色,不透明;如果设置为“rgba(0,0,200,0.5)”, 就表示一个颜色,透明度为 50%。

网页预览效果如图 4-1 所示,在一个蓝色边框中显示了一个蓝色矩形。

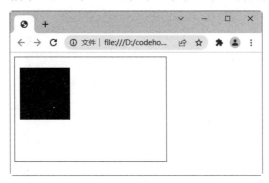

图 4-1　绘制矩形

4.2　绘制基本形状

canvas 结合 JavaScript 不仅可以绘制简单的矩形,还可以绘制一些其他的常见图形,例如直线、圆等。

4.2.1　绘制圆形

基于 canvas 的绘图并不是直接在<canvas>标签所创建的绘图画面上进行各种绘图操作,而是依赖画面所提供的渲染上下文(Rendering Context),所有的绘图命令和属性都定义在渲染上下文当中。在通过 canvas id 获取相应的 DOM 对象之后,首先要做的事情就是获取渲染上下文对象。渲染上下文与 canvas 一一对应,无论对同一 canvas 对象调用几次 getContext()函数,都将返回同一个上下文对象。

在画布中绘制圆形,可能要涉及表 4-2 所示的几个函数。

表 4-2　绘制函数

函数	功能
beginPath()	开始绘制路径
arc(x,y,radius,startAngle, endAngle,anticlockwise)	x 和 y 定义的是圆的原点,radius 定义的是圆的半径;startAngle 和 endAngle 是弧度,不是度数;anticlockwise 是用来定义画圆的方向,值是 true 或 false
closePath()	结束路径的绘制
fill()	进行填充
stroke()	方法设置边框

路径是绘制自定义图形的好方法，在 canvas 中通过 beginPath()函数可以绘制直线、曲线等，绘制完成后调用 fill()和 stroke()完成填充和设置边框，通过 closePath()函数结束路径的绘制。

【例 4.2】绘制图形（源代码\ch04\4.2.html）。

```
<body>
<canvas id="myCanvas" width="200" height="200" style="border:1px solid blue
">
Your browser does not support the canvas element.
</canvas>
<script type="text/javascript">
var c=document.getElementById("myCanvas");
var cxt=c.getContext("2d");
cxt.fillStyle="#FFaa00";
cxt.beginPath();
cxt.arc(70,18,15,0,Math.PI*2,true);
cxt.closePath();
cxt.fill();
</script>
</body>
```

在上面的 JavaScript 代码中，使用 beignPath 函数开启一个路径，然后绘制一个圆形，下面关闭这个路径并填充。

网页预览效果如图 4-2 所示，在矩形边框中显示了一个黄色的圆。

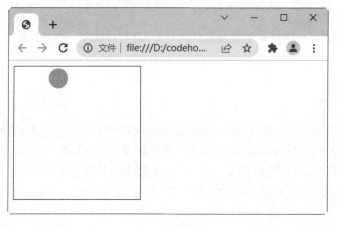

图 4-2 绘制圆形

4.2.2 绘制直线

在每个 canvas 实例对象中都拥有一个 path 对象，创建自定义图形的过程就是不断对 path 对象操作的过程。每开始一次新的图形绘制任务，都需要先使用 beginPath()函数来重置 path 对象至初始状态，进而通过一系列对 moveTo/lineTo 等画线函数的调用绘制期望的路径。其中，moveTo(x, y)函数设置绘图起始坐标，lineTo(x,y)等画线函数可以从当前起点绘制直线、圆弧以及曲线到目标位置。最后一步，也是可选的步骤，即调用 closePath()函数将自定义图形进行闭合。该函数将自动创建一条从当前坐标到起始坐标的直线。

绘制直线常用的函数和属性如表 4-3 所示。

表 4-3　绘制直线的函数

函数或属性	说明
moveTo(x,y)	不绘制，只是将当前位置移动到新目标坐标（x,y），并作为线条开始点
lineTo(x,y)	绘制线条到指定的目标坐标(x,y)，并且在两个坐标之间画一条直线。不管是调用 moveTo()还是 lineTo()函数哪一个，都不会真正画出图形，因为还没有调用 stroke（绘制）和 fill（填充）函数。当前，只是在定义路径的位置，以便后面绘制时使用
strokeStyle	指定线条的颜色
lineWidth	设置线条的粗细

【例 4.3】绘制直线（源代码\ch04\4.3.html）。

```
<body>
<canvas id="myCanvas" width="200" height="200" style="border:1px solid blue">
Your browser does not support the canvas element.
</canvas>
<script type="text/javascript">
var c=document.getElementById("myCanvas");
var cxt=c.getContext("2d");
cxt.beginPath();
cxt.strokeStyle="rgb(0,182,0)";
cxt.moveTo(10,10);
cxt.lineTo(150,50);
cxt.lineTo(10,50);
cxt.lineWidth=14;
cxt.stroke();
cxt.closePath();
</script>
</body>
```

在上面的代码中，使用 moveTo 函数定义一个坐标位置（10,10），以此坐标位置为起点绘制两条不同的直线，并使用 lineWidth 设置直线的宽度，使用 strokeStyle 设置直线的颜色，使用 lineTo 设置两条不同直线的结束位置。

网页预览效果如图 4-3 所示，网页中绘制了两条直线，这两条直线在某一点交叉。

图 4-3　绘制直线

4.2.3 绘制贝塞尔曲线

在数学的数值分析领域中，贝塞尔曲线（Bézier 曲线）是电脑图形学中相当重要的参数曲线。更高维度的广泛化贝塞尔曲线就称作贝塞尔曲面，其中贝塞尔三角是一种特殊的实例。

bezierCurveTo()表示为一个画布的当前子路径添加一条三次贝塞尔曲线。这条曲线的开始点是画布的当前点，结束点是 (x, y)。两条贝塞尔曲线控制点 (cpX1, cpY1) 和 (cpX2, cpY2) 定义了曲线的形状。当这个方法返回的时候，位置为 (x, y)。

bezierCurveTo()的语法格式如下：

```
bezierCurveTo(cpX1, cpY1, cpX2, cpY2, x, y)
```

其参数的含义如表 4-4 所示。

表 4-4 参数的含义

参数	含义
cpX1, cpY1	和曲线的开始点（当前位置）相关联的控制点的坐标
cpX2, cpY2	和曲线的结束点相关联的控制点的坐标
x, y	曲线的结束点的坐标

【例 4.4】绘制贝塞尔曲线（源代码\ch04\4.4.html）。

```
<script>
    function draw(id)
    {
        var canvas=document.getElementById(id);
        if(canvas==null)
        return false;
        var context=canvas.getContext('2d');
        context.fillStyle="#eeeeff";
        context.fillRect(0,0,400,300);
        var n=0;
        var dx=150;
        var dy=150;
        var s=100;
        context.beginPath();
        context.globalCompositeOperation='and';
        context.fillStyle='rgb(100,255,100)';
        context.strokeStyle='rgb(0,0,100)';
        var x=Math.sin(0);
        var y=Math.cos(0);
        var dig=Math.PI/15*11;
        for(var i=0;i<30;i++)
        {
            var x=Math.sin(i*dig);
            var y=Math.cos(i*dig);
            context.bezierCurveTo(dx+x*s,dy+y*s-100,dx+x*s+100,dy+y*s, dx+x*s,dy+y*s);
        }
        context.closePath();
```

```
        context.fill();
        context.stroke();
    }
</script>
</head>
<body onload="draw('canvas');">
<h1>绘制元素</h1>
<canvas id="canvas" width="400" height="300" />
</body>
```

在上面的函数 draw 中，首先使用语句 fillRect(0,0,400,300)绘制了一个矩形，大小和画布相同，填充颜色为浅青色；然后定义几个变量，用于设定曲线的坐标位置；最后在 for 循环中使用 bezierCurveTo 绘制贝塞尔曲线。网页预览效果如图 4-4 所示，在网页中显示了一个贝塞尔曲线。

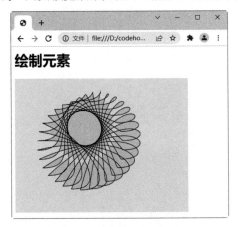

图 4-4　绘制贝塞尔曲线

4.3　绘制渐变图形

渐变是两种或更多颜色的平滑过渡，是指在颜色集上使用逐步抽样算法，并将结果应用于描边样式和填充样式中。canvas 的绘图上下文支持两种类型的渐变：线性渐变和放射性渐变，其中放射性渐变也称为径向渐变。

4.3.1　绘制线性渐变

创建一个简单的渐变图形非常容易。使用渐变需要三个步骤。

步骤 **01** 创建渐变对象。

```
var gradient=cxt.createLinearGradient(0,0,0,canvas.height);
```

步骤 **02** 为渐变对象设置颜色，指明过渡方式。

```
gradient.addColorStop(0,'#fff');
gradient.addColorStop(1,'#000');
```

步骤 03 在 context 上为填充样式或者描边样式设置渐变。

```
cxt.fillStyle=gradient;
```

要设置显示颜色，在渐变对象上使用 addColorStop。此外，还可以使用 alpha 组件的 CSSrgba 函数改变颜色的 alpha 值（例如透明），并且 alpha 值也是可以改变的。

绘制线性渐变会使用到表 4-5 所示的几个函数。

表 4-5　绘制线性渐变的函数

函数	说明
addColorStop	函数允许指定两个参数：颜色和偏移量。颜色参数是指开发人员希望在偏移位置描边或填充时所使用的颜色。偏移量是一个 0.0~1.0 的数值，代表沿着渐变线渐变的距离有多远
createLinearGradient(x0,y0,x1,x1)	沿着直线从（x0,y0)至(x1,y1)绘制渐变

【例 4.5】绘制线性幅度（源代码\ch04\4.5.html）。

```
<body>
<h1>绘制线性渐变</h1>
<canvas id="canvas" width="400" height="300" style="border:1px solid red"/>
<script type="text/javascript">
var c=document.getElementById("canvas");
var cxt=c.getContext("2d");
var gradient=cxt.createLinearGradient(0,0,0,canvas.height);
gradient.addColorStop(0,'#fff');
gradient.addColorStop(1,'#000');
cxt.fillStyle=gradient;
cxt.fillRect(0,0,400,400);
</script>
</body>
```

上面的代码首先使用 2D 环境对象产生了一个线性渐变对象，渐变的起始点是(0,0)，渐变的结束点是(0,canvas.height)，然后使用 addColorStop 函数设置渐变颜色，最后将渐变填充到上下文环境的样式中。网页预览效果如图 4-5 所示，在网页中创建了一个垂直方向上的渐变，从上到下颜色逐渐变深。

图 4-5　线性渐变

4.3.2　绘制径向渐变

除了线性渐变以外，HTML5 Canvas API 还支持放射性渐变，即径向渐变。所谓径向渐变，就是颜色在两个指定圆间的锥形区域平滑变化。径向渐变和线性渐变使用的颜色终止点是一样的。如果要实现径向渐变，需要使用函数 createRadialGradient。

createRadialGradient(x0,y0,r0,x1,y1,r1)函数表示沿着两个圆之间的锥面绘制渐变。其中，前三个参数代表开始圆的圆心为(x0,y0)，半径为 r0；最后三个参数代表结束圆的圆心为(x1,y1)，半径为 r1。

【例 4.6】绘制径向渐变（源代码\ch04\4.6.html）。

```
<body>
<h1>绘制径向渐变</h1>
<canvas id="canvas" width="400" height="300" style="border:1px solid red"/>
<script type="text/javascript">
var c=document.getElementById("canvas");
var cxt=c.getContext("2d");
var gradient=cxt.createRadialGradient(canvas.width/2,canvas.height/2,0,canvas.width/2,canvas.height/2,150);
gradient.addColorStop(0,'#fff');
gradient.addColorStop(1,'#000');
cxt.fillStyle=gradient;
cxt.fillRect(0,0,400,400);
</script>
</body>
```

在上面的代码中，首先创建渐变对象 gradient，此处使用 createRadialGradient 方法创建了一个径向渐变，然后使用 addColorStop 添加颜色，最后将渐变填充到上下文环境中。

网页预览效果如图 4-6 所示，从圆的中心亮点开始，向外逐步发散，形成了一个径向渐变。

图 4-6　径向渐变

4.4 绘制变形图形

canvas 不但可以使用 moveTo 这样的方法来移动画笔、绘制图形和线条，还可以使用变换来调整画笔下的画布。变换的方法包括旋转、缩放、变形和平移等。

4.4.1 变换原点坐标

平移即将绘图区相对于当前画布的左上角进行平移，如果绘制区不进行变形，则绘图区原点和画布原点是重叠的，绘图区相当于画图软件里的热区或当前层；如果绘图区进行变形，则坐标位置会移动到一个新位置。

如果要对图形实现平移，需要使用函数 translate（x，y），该函数表示在平面上平移，即以原来的原点为参考，然后以偏移后的位置作为坐标原点。也就是说，原来坐标在（100,100），然后 translate（1，1），则新的坐标原点在（101,101），而不是（1,1）。

【例 4.7】变换原点坐标（源代码\ch04\4.7.html）。

```
<script>
    function draw(id)
    {
        var canvas=document.getElementById(id);
        if(canvas==null)
        return false;
        var context=canvas.getContext('2d');
        context.fillStyle="#eeeeff";
        context.fillRect(0,0,400,300);
        context.translate(200,50);
        context.fillStyle='rgba(255,0,0,0.25)';
        for(var i=0;i<50;i++){
            context.translate(25,25);
            context.fillRect(0,0,100,50);
        }
    }
</script>
</head>
<body onload="draw('canvas');">
<h1>变换原点坐标</h1>
<canvas id="canvas" width="400" height="300" />
</body>
```

在 draw 函数中，使用 fillRect 函数绘制了一个矩形，然后使用 translate 函数平移到一个新位置，并从新位置开始使用 for 循环连续移动坐标原点，即多次绘制矩形。

网页预览效果如图 4-7 所示，从坐标位置（200,50）开始绘制矩形，并且每次以指定的平移距离绘制矩形。

图 4-7　变换原点坐标

4.4.2　图形缩放

对于变形图形来说，其中最常用的方式就是对图形进行缩放，即以原来的图形为参考，放大或者缩小图形，从而增加效果。

如果要实现图形缩放，就需要使用 scale(x,y)函数。该函数带有两个参数，分别代表在 x,y 两个方向上的值。每个参数在 canvas 上显示图像的时候，向 canvas 传递在本方向轴上图像要放大（或者缩小）的量。如果 x 值为 2，就代表所绘制图像中的全部元素在 x 轴上都会变成两倍宽。如果 y 值为 0.5，绘制出来的图像中的全部元素在 y 轴上都会变成之前的一半高。

【例 4.8】图形缩放（源代码\ch04\4.8.html）。

```
<script>
    function draw(id)
    {
        var canvas=document.getElementById(id);
        if(canvas==null)
        return false;
        var context=canvas.getContext('2d');
        context.fillStyle="#eeeeff";
        context.fillRect(0,0,400,300);
        context.translate(200,50);
        context.fillStyle='rgba(255,0,0,0.25)';
        for(var i=0;i<50;i++){
            context.scale(3,0.5);
            context.fillRect(0,0,100,50);
        }
    }
</script>
</head>
<body onload="draw('canvas');">
<h1>图形缩放</h1>
<canvas id="canvas" width="400" height="300" />
```

```
</body>
```

在上面的代码中，缩放操作是放在 for 循环中完成的。在此循环中，以原来的图形为参考物，使其在 x 轴方向上为原来的 3 倍宽、在 y 轴方向上为原来的一半高。

网页预览效果如图 4-8 所示，在一个指定方向上绘制了多个矩形。

图 4-8 图形缩放

4.4.3 图形旋转

变换操作并不限于缩放和平移，还可以使用函数 context.rotate(angle)来旋转图像，甚至可以直接修改底层变换矩阵以完成一些高级操作，如剪裁图像的绘制路径等。context.rotate(angle 1.57)的旋转角度参数以弧度为单位。

rotate()函数默认从左上端的（0,0）开始旋转，通过指定一个角度，改变了画布坐标和 Web 浏览器中的<canvas>元素像素之间的映射，使得任意后续绘图在画布中都显示为旋转的。它并没有旋转<canvas>元素本身。注意，这个角度是用弧度来指定的。

【例 4.9】旋转图形（源代码\ch04\4.9.html）。

```
<script>
    function draw(id)
    {
        var canvas=document.getElementById(id);
        if(canvas==null)
        return false;
        var context=canvas.getContext('2d');
        context.fillStyle="#eeeeff";
        context.fillRect(0,0,400,300);
        context.translate(200,50);
        context.fillStyle='rgba(255,0,0,0.25)';
        for(var i=0;i<50;i++){
            context.rotate(Math.PI/10);
            context.fillRect(0,0,100,50);
        }
```

```
    }
</script>
</head>
<body onload="draw('canvas');">
<h1>旋转图形</h1>
<canvas id="canvas" width="400" height="300" />
</body>
```

在上面的代码中，使用 rotate 函数在 for 循环中对多个图形进行了旋转，且旋转角度相同。网页预览效果如图 4-9 所示，在显示页面上多个矩形以中心弧度为原点进行旋转。

图 4-9　旋转图形

4.5　图形组合

在本章前面几个小节中介绍过，可以将一个图形画在另一个图形之上，但是大多数情况下这样是不够的，会受制于图形的绘制顺序。不过，我们可以利用 globalCompositeOperation 属性来改变这些做法，不仅可以在已有图形后面再画新图形，还可以用来遮盖、清除（比 clearRect 函数方便得多）某些区域。

globalCompositeOperation 的语法格式如下：

```
globalCompositeOperation = type
```

上述语句表示设置不同形状的组合类型。其中，type 表示方的图形是已经存在的 canvas 内容、圆的图形是新的形状，其默认值为 source-over，表示在 canvas 上面画新的形状。

属性值 type 具有 12 个含义，其具体含义如表 4-6 所示。

表 4-6　属性值 type 的含义

属性值	含义
source-over(default)	这是默认设置，新图形会覆盖在原有内容之上
destination-over	会在原有内容之下绘制新图形

（续表）

属性值	含义
source-in	新图形仅出现与原有内容重叠的部分，其他区域都变成透明的
destination-in	原有内容中与新图形重叠的部分会被保留，其他区域都变成透明的
source-out	结果是只有新图形中与原有内容不重叠的部分会被绘制出来
destination-out	原有内容中与新图形不重叠的部分会被保留
source-atop	新图形中与原有内容重叠的部分会被绘制，并覆盖于原有内容之上
destination-atop	原有内容中与新内容重叠的部分会被保留，并会在原有内容之下绘制新图形
lighter	对两个图形中重叠的部分做加色处理
darker	对两个图形中重叠的部分做减色处理
xor	重叠的部分会变成透明
copy	只有新图形会被保留，其他都被清除掉

【例 4.10】图形组合（源代码\ch04\4.10.html）。

```
<script>
function draw(id)
{
 var canvas=document.getElementById(id);
   if(canvas==null)
  return false;
  var context=canvas.getContext('2d');
  var oprtns=new Array(
   "source-atop",
    "source-in",
   "source-out",
    "source-over",
   "destination-atop",
    "destination-in",
   "destination-out",
   "destination-over",
    "lighter",
   "darker"
   "copy",
   "xor"
   );
  var i=10;
   context.fillStyle="blue";
  context.fillRect(10,10,60,60);
   context.globalCompositeOperation=oprtns[i];
  context.beginPath();
   context.fillStyle="red";
  context.arc(60,60,30,0,Math.PI*2,false);
  context.fill();
}
</script>
</head>
<body onload="draw('canvas');">
<h1>图形组合</h1>
```

```
<canvas id="canvas" width="400" height="300" />
</body>
```

在上面的代码中，首先创建了一个 oprtns 数组，用于存储 type 的 12 个值，然后绘制了一个矩形，并使用 content 上下文对象设置了图形的组合方式，即采用新图形显示其他被清除的方式，最后使用 arc 绘制了一个圆。

网页预览效果如图 4-10 所示，在页面上绘制了一个矩形和圆，矩形和圆重叠的地方以空白显示。

图 4-10　图形组合

4.6　绘制带阴影的图形

在 canvas 上绘制带有阴影效果的图形非常简单，只需要设置几个属性即可。这几个属性分别为 shadowOffsetX、shadowOffsetY、shadowBlur 和 shadowColor。其中，shadowColor 表示阴影颜色，其值和 CSS 颜色值一致；shadowBlur 表示阴影模糊程度，此值越大，阴影越模糊；shadowOffsetX 和 shadowOffsetY 表示阴影的 x 和 y 偏移量，单位是像素。

【例 4.11】绘制带有阴影的图形（源代码\ch04\4.11.html）。

```
<body>
    <canvas id="my_canvas" width="200" height="200" style="border:1px solid #ff0000"></canvas>
    <script type="text/javascript">
        var elem = document.getElementById("my_canvas");
        if (elem && elem.getContext)  {
            var context = elem.getContext("2d");
            //shadowOffsetX 和 shadowOffsetY：阴影的 x 和 y 偏移量，单位是像素
            context.shadowOffsetX = 15;
            context.shadowOffsetY = 15;
            /*hadowBlur：设置阴影模糊程度。此值越大，阴影越模糊。其效果和 Photoshop
的高斯模糊滤镜相同。*/
            context.shadowBlur  = 10;
            //shadowColor：阴影颜色。其值和 CSS 颜色值一致
            /*context.shadowColor  = 'rgba(255, 0, 0, 0.5)';  或下面的十六进制
的表示方法*/
            context.shadowColor = '#f00';
```

```
                  context.fillStyle   = '#00f';
                  context.fillRect(20, 20, 150, 100);
            }
      </script>
</body>
```

网页预览效果如图 4-11 所示，在页面上显示了一个蓝色矩形，其阴影为红色矩形。

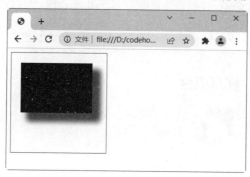

图 4-11　带有阴影的图形

4.7　使用图像

canvas 有一项可以引入图像的功能，可以用于图片合成或者制作背景等，目前仅可以在图像中加入文字。只要是 Geck 支持的图像（如 PNG，GIF，JPEG 等）都可以引入到 canvas 中，而且其他的 canvas 元素也可以作为图像的来源。

4.7.1　绘制图像

要在 canvas 上绘制图像，需要先有一个图片。这个图片可以是已经存在的<img>元素，或者通过 JavaScript 创建。无论采用哪种方式，都需要在绘制之前完全加载这张图片。浏览器通常会在页面脚本执行的同时异步加载图片。如果试图在图片未完全加载之前就将其呈现到 canvas 上，那么 canvas 将不会显示任何图片。

捕获和绘制图形完全是通过 drawImage 函数完成的，它可以接收不同的 HTML 参数，具体说明如表 4-7 所示。

表 4-7　drawImage 函数

函数	说明
drawIamge(image,dx,dy)	接收一个图片，并将之画到 canvas 中。给出的坐标（dx,dy）代表图片的左上角。例如，坐标（0，0）表示把图片画到 canvas 的左上角
drawIamge(image,dx,dy,dw,dh)	接收一个图片，将其缩放为宽度为 dw、高度为 dh，然后画到 canvas 上的(dx,dy)位置
drawIamge(image,sx,sy,sw,sh, dx,dy,dw,dh)	接收一个图片，通过参数（sx,sy,sw,sh）指定图片裁剪的范围，缩放到 (dw,dh)的大小，最后把它画到 canvas 上的(dx,dy)位置

【例 4.12】绘制图像（源代码\ch04\4.12.html）。

```
<body>
<canvas id="canvas" width="300" height="200" style="border:1px solid blue">
Your browser does not support the canvas element.
</canvas>
<script type="text/javascript">
window.onload=function(){
  var ctx=document.getElementById("canvas").getContext("2d");
  var img=new Image();
  img.src="01.jpg";
  img.onload=function(){
    ctx.drawImage(img,0,0);
  }
}
</script>
</body>
```

在上面的代码中，使用窗口的 onload 事件，即页面被加载时执行函数。在函数中创建上下文对象 ctx，并创建 Image 对象 img；然后使用 img 对象的属性 src 设置图片来源，最后使用 drawImage 画出当前的图像。

网页预览效果如图 4-12 所示，在页面上绘制了一个图像并在画布中显示出来。

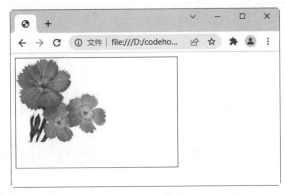

图 4-12　绘制图像

4.7.2　平铺图像

使用 canvas 绘制图像有很多种用处，其中一个用处就是将绘制的图像作为背景图片使用。在制作背景图片时，如果显示图片的区域大小不能直接设定，通常将图片以平铺的方式显示。

HTML5 Canvas API 支持图片平铺，此时需要调用 createPattern 函数，即调用 createPattern 函数来代替之前的 drawImage 函数。createPattern 函数的语法格式如下：

```
createPattern(image,type)
```

其中，image 表示要绘制的图像，type 表示平铺的类型（见表 4-8）。

表 4-8 平铺类型

参数值	说明
no-repeat	不平铺
repeat-x	横方向平铺
repeat-y	纵方向平铺
repeat	全方向平铺

【例 4.13】平铺图像（源代码\ch04\4.13.html）。

```
<body onload="draw('canvas');">
<h1>平铺图像</h1>
<canvas id="canvas" width="400" height="300"></canvas>
<script>
    function draw(id){
        var canvas=document.getElementById(id);
        if(canvas==null){
            return false;
        }
        var context=canvas.getContext('2d');
        context.fillStyle="#eeeeff";
        context.fillRect(0,0,400,300);
        image=new Image();
        image.src="01.jpg";
        image.onload=function(){
            var ptrn=context.createPattern(image,'repeat');
            context.fillStyle=ptrn;
            context.fillRect(0,0,400,300);
        }
    }
</script>
</body>
```

在上面的代码中，首先使用 fillRect 创建了一个宽度为 400、高度为 300、左上角坐标位置为（0，0）的矩形，然后创建了一个 Image 对象，用 src 连接一个图像源，再使用 createPattern 绘制一个图像，方式是完全平铺，并将这个图像作为一个模式填充到矩形中，最后绘制这个矩形，大小完全覆盖原来的图形。

网页预览效果如图 4-13 所示，在页面上绘制了一个图像，其图像以平铺的方式充满整个矩形。

图 4-13 平铺图像

4.7.3 裁剪图像

在处理图像时经常会遇到裁剪这种需求，即在画布上裁剪出一块区域，这块区域是在裁剪动作 clip 之前由绘图路径设定的，可以是方形、圆形、星形和其他任何可以绘制的轮廓形状。裁剪路径其实就是绘图路径，只不过这个路径不是拿来绘图的，而是用来设定显示区域和遮挡区域的一个分界线。

完成对图像的裁剪，要用到 clip 函数。clip 函数表示给 canvas 设置一个剪辑区域，在调用 clip 函数之后的代码只对这个设定的剪辑区域有效，不会影响其他地方，这个函数在进行局部更新时很有用。默认情况下，剪辑区域是一个左上角在(0,0)位置、宽和高分别等于 canvas 元素的宽和高的矩形。

【例 4.14】裁剪图像（源代码\ch04\4.14.html）。

```html
<script type="text/javascript" src="script.js"></script>
</head>
<body onload="draw('canvas');">
<h1>图像裁剪实例</h1>
<canvas id="canvas" width="400" height="300"></canvas>
<script>
    function draw(id){
        var canvas=document.getElementById(id);
        if(canvas==null){
            return false;
        }
        var context=canvas.getContext('2d');
        var gr=context.createLinearGradient(0,400,300,0);
        gr.addColorStop(0,'rgb(255,255,0)');
        gr.addColorStop(1,'rgb(0,255,255)');
        context.fillStyle=gr;
        context.fillRect(0,0,400,300);
        image=new Image();
        image.onload=function(){
            drawImg(context,image);
        };
        image.src="01.jpg";
    }
    function drawImg(context,image){
        create8StarClip(context);
        context.drawImage(image,-50,-150,300,300);
    }
    function create8StarClip(context){
        var n=0;
        var dx=100;
        var dy=0;
        var s=150;
        context.beginPath();
        context.translate(100,150);
        var x=Math.sin(0);
        var y=Math.cos(0);
        var dig=Math.PI/5*4;
        for(var i=0;i<8;i++){
```

```
            var x=Math.sin(i*dig);
            var y=Math.cos(i*dig);
            context.lineTo(dx+x*s,dy+y*s);
        }
        context.clip();
    }
</script>
</body>
```

在上面的代码中，创建了三个 JavaScript 函数。其中，create8StarClip 函数完成多边图形的创建，并以此图形作为裁剪的依据；drawImg 函数表示绘制一个图形，其图形带有裁剪区域；draw 函数完成对画布对象的获取，并定义一个线性渐变，然后创建一个 Image 对象。

网页预览效果如图 4-14 所示，在页面上绘制一个五边形，并将图像作为五边形的背景，从而实现对象图像的裁剪。

图 4-14　裁剪图像

4.8　绘制文字

在 canvas 中绘制字符串（文字）的方式与操作其他路径对象的方式相同，既可以描绘文本轮廓和填充文本内部，同时又能将所有能够应用于其他图形的变换和样式都应用于文本。

文本绘制功能的常用函数如表 4-9 所示。

表 4-9　文本绘制的常用函数

函数	说明
fillText(text,x,y,maxwidth)	绘制带 fillStyle 填充的文字、文本参数以及用于指定文本位置的坐标参数。maxwidth 是可选参数，用于限制字体大小，会将文本字体强制收缩到指定尺寸
trokeText(text,x,y,maxwidth)	绘制只有 strokeStyle 边框的文字，其参数含义和上一个方法相同
measureText	该函数会返回一个度量对象，其包含了在当前 context 环境下指定文本的实际显示宽度

为了保证文本在各浏览器下都能正常显示，在绘制上下文里有以下字体属性。

- font: 可以是 CSS 字体规则中的任何值，包括字体样式、字体变种、字体大小与粗细、行高和字体名称。
- textAlign: 控制文本的对齐方式，类似于（但不完全相同）CSS 中的 text-align，可能的取值为 start、end、left、right 和 center。
- textBaseline: 控制文本相对于起点的位置，可能的取值有 top、hanging、middle、alphabetic、ideographic 和 bottom。对于简单的英文字母，可以放心地使用 top、middle 或 bottom 作为其文本基线。

【例 4.15】绘制文字（源代码\ch04\4.15.html）。

```
<body>
    <canvas id="my_canvas" width="200" height="200" style="border:1px solid #ff0000"></canvas>
    <script type="text/javascript">
        var elem = document.getElementById("my_canvas");
        if (elem && elem.getContext)  {
            var context = elem.getContext("2d");
            context.fillStyle  = '#00f';
            //font：文字字体，同 CSSfont-family 属性
            context.font = 'italic  30px 微软雅黑';//斜体 30 像素 微软雅黑字体
            /*textAlign：文字水平对齐方式。可取属性值：start, end, left,right, center。默认值:start。*/
            context.textAlign = 'left';
            /*文字竖直对齐方式。可取属性值：top, hanging, middle,alphabetic, ideographic, bottom。默认值: alphabetic*/
            context.textBaseline = 'top';
            /*要输出的文字内容、文字位置坐标，第四个参数为可选选项——最大宽度。如果需要的话，浏览器会缩减文字以让它适应指定宽度*/
            context.fillText  ('祖国生日快乐!', 0, 0,50);  //有填充
            context.font    = 'bold 30px sans-serif';
            context.strokeText('祖国生日快乐!', 0, 50,100);  //只有文字边框
        }
    </script>
  </body>
```

网页预览效果如图 4-15 所示，在页面上显示一个画布边框，在画布中显示两个不同的字符串，第一个字符串以斜体显示，其颜色为蓝色，第二个字符串字体颜色为浅黑色，加粗显示。

图 4-15　绘制文字

4.9　图形的保存与恢复

在用画布对象绘制图形或图像时，可以对这些图形或者图形的状态进行保存，即永久保存图形或图像。

4.9.1　保存与恢复状态

在画布对象中，由两个函数管理绘制状态的当前栈：save 函数把当前状态压入栈中，restore 函数从栈顶弹出状态。绘制状态不会覆盖对画布所做的每件事情。其中，save 函数用来保存 canvas 的状态，save 之后，可以调用 canvas 的平移、放缩、旋转、错切、裁剪等操作；restore 函数用来恢复 canvas 之前保存的状态，防止 save 后对 canvas 执行的操作对后续的绘制有影响。save 和 restore 要配对使用（restore 可以比 save 少，但不能多），如果 restore 调用次数比 save 多，就会引发 Error。

【例 4.16】图形的保存和恢复（源代码\ch04\4.16.html）。

```
<body>
<canvas id="myCanvas" width="500" height="400" style="border:1px solid blue
">
Your browser does not support the canvas element.
</canvas>
<script type="text/javascript">
var c=document.getElementById("myCanvas");
var ctx=c.getContext("2d");
ctx.fillStyle = "rgb(0,0,255)";
ctx.save();
ctx.fillRect(50,50,100,100);
ctx.fillStyle = "rgb(255,0,0)";
ctx.save();
ctx.fillRect(200,50,100,100);
ctx.restore()
ctx.fillRect(350,50,100,100);
ctx.restore();
ctx.fillRect(50, 200, 100, 100);
</script>
```

```
    </body>
```

在上面的代码中，绘制了四个矩形。在第一个矩形绘制之前，定义当前矩形的显示颜色，并将此样式加入到栈中，然后创建一个矩形。在第二个矩形绘制之前，重新定义矩形显示的颜色，并使用 save 将此样式压入栈中，然后创建一个矩形。在第三个矩形绘制之前，使用 restore 恢复当前显示颜色，即调用栈中的最上层颜色，再绘制矩形。在第四个矩形绘制之前，继续使用 restore 函数，调用最后一个栈中元素定义矩形颜色。

网页预览效果如图 4-16 所示，在页面上绘制四个矩形，第一个和第四个矩形显示为蓝色，第二个和第三个矩形显示为红色。

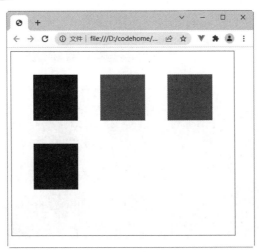

图 4-16 图形的保存和恢复

4.9.2 保存到 URL 数据中

当绘制出漂亮的图形后需要保存这些劳动成果，这时可以将画布元素（而不是 2D 环境）的当前状态导出到 URL 数据中。导出很简单，可以利用 toDataURL 函数完成。它可以以不同的图片格式来调用。PNG 格式是规范定义的格式。通常，浏览器也支持其他的格式。

目前 Firefox 和 Opera 浏览器只支持 PNG 格式，Safari 支持 GIF、PNG 和 JPG 格式。大多数浏览器支持读取 base64 编码内容。URL 的格式如下：

```
data:image/png;base64,iVBORw0KGgoAAAANSUhEUgAAAfQAAAH0CAYAAADL1t
```

以一个 data 开始，然后是 mine 类型，之后是编码和 base64，最后是原始数据。这些原始数据就是画布元素所要导出的内容，并且浏览器能够将数据编码为真正的资源。

【例 4.17】保存图形到 URL 数据中（源代码\ch04\4.17.html）。

```
<body>
<canvas id="myCanvas" width="500" height="500" style="border:1px solid blue
">
Your browser does not support the canvas element.
</canvas>
<script type="text/javascript">
```

```
var c=document.getElementById("myCanvas");
var cxt=c.getContext("2d");
cxt.fillStyle='rgb(0,0,255)';
cxt.fillRect(0,0,cxt.canvas.width,cxt.canvas.height);
cxt.fillStyle="rgb(0,255,0)";
cxt.fillRect(10,20,50,50);
window.location=cxt.canvas.toDataURL(image/png');
</script>
</body>
```

在上面的代码中，使用 canvas.toDataURL 语句将当前绘制图像保存到 URL 数据中。在 Firefox 浏览器中的浏览效果如图 4-17 所示。此时需要注意的是地址栏中的 URL 数据。

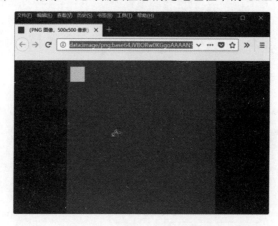

图 4-17　保存图形到 URL 数据中

4.10　项目实战——绘制商标

绘制商标是 canvas 的用途之一。这里将绘制类似 NIKE 的商标。NIKE 的图标比 adidas 的复杂得多，adidas 的商标都是由直线组成的，NIKE 的商标多了曲线。实现本实例的步骤如下：

步骤01 分析需求。

绘制两条曲线，首先需要找到曲线的参考点（参考点决定了曲线的曲率），要慢慢地移动，然后看效果，反复操作。quadraticCurveTo(30,79,99,78)函数有两组坐标：第一组坐标为控制点，决定曲线的曲率；第二组坐标为终点。

步骤02 构建 HTML，实现 canvas 画布。

```
<body>
<canvas id="adidas" width="375px" height="132px" style="border:1px solid #00
0;"></canvas>
</body>
```

步骤03 使用 JavaScript 实现基本图形。

```
<script>
function drawAdidas(){
    //取得 canvas 元素及其绘图上下文
    var canvas=document.getElementById('adidas');
    var context=canvas.getContext('2d');
    //保存当前绘图状态
    context.save();
    //开始绘制打勾的轮廓
    context.beginPath();
    context.moveTo(53,0);
    //绘制上半部分曲线，第一组坐标为控制点，决定曲线的曲率，第二组坐标为终点
    context.quadraticCurveTo(30,79,99,78);
    context.lineTo(371,2);
    context.lineTo(74,134);
    context.quadraticCurveTo(-55,124,53,0);
    //用红色填充
    context.fillStyle="#da251c";
    context.fill();
    //用 3 像素深红线条描边
    context.lineWidth=3;
    //连接处平滑
    context.lineJoin='round';
    context.strokeStyle="#d40000";
    context.stroke();
    //恢复原有绘图状态
    context.restore();
}
window.addEventListener("load",drawAdidas,true);
</script>
```

网页预览效果如图 4-18 所示，页面中显示一个商标图案，颜色为红色。

图 4-18　绘制商标

第5章

HTML5 中的音频和视频

目前，在网页上没有关于音频和视频的标准，多数音频和视频都是通过插件来播放的。为此，HTML5 新增了音频和视频的标签。本章将讲解音频和视频的基本概念、常用属性、解码器和浏览器的支持情况。

5.1 <audio>标签

目前，大多数音频是通过插件来播放音频文件的，例如以前常见的播放插件为 Flash，这也是为什么用户在用浏览器播放音乐时常常需要安装 Flash 插件的原因。但是并不是所有的浏览器都拥有同样的插件。

和 HTML4 相比，HTML5 新增了<audio>标签，规定了一种包含音频的标准方法。

5.1.1 <audio>标签概述

<audio>标签主要是定义播放声音文件或者音频流的标准。它支持 3 种音频格式，分别为 OGG、MP3 和 WAV。

如果需要在 HTML5 网页中播放音频，输入的基本格式如下：

```
<audio src="song.mp3" controls="controls">
</audio>
```

参数说明：

- src: 用于规定要播放的音频的地址。
- controls: 用于提供添加播放、暂停和音量的控件。

另外，在<audio>与</audio>标签之间插入的内容是供不支持 audio 元素的浏览器显示的。

【例 5.1】<audio>标签（源代码\ch05\5.1.html）。

```
<body>
  <audio src="song.mp3" controls="controls">
您的浏览器不支持 audio 标签！
</audio>
</body>
```

网页预览效果如图 5-1 所示，可以通过加载的音频控制条播放加载的音频文件。

图 5-1　<audio>标签的效果

5.1.2　<audio>标签的属性

<audio>标签的常见属性如表 5-1 所示。

表 5-1　<audio>标签的常见属性

属性	值	说明
autoplay	Autoplay（自动播放）	音频在就绪后马上播放
controls	Controls（控制）	向用户显示控件，比如播放按钮
loop	Loop（循环）	每当音频结束时重新开始播放
preload	Preload（加载）	音频在页面加载时进行加载，并预备播放。如果使用 autoplay，就忽略该属性
src	url（地址）	要播放的音频的 URL 地址

另外，<audio>标签可以通过 source 属性添加多个音频文件，具体格式如下：

```
<audio controls="controls">
<source src="123.ogg" type="audio/ogg">
<source src="123.mp3" type="audio/mpeg">
</audio>
```

5.1.3　音频解码器

音频解码器定义了音频数据流编码和解码的算法。其中，编码器主要是对数据流进行编码操作，用于存储和传输数据流。音频播放器主要是对音频文件进行解码，然后进行播放操作。目前，使用较多的音频解码器是 Vorbis 和 ACC。

5.1.4　<audio>标签浏览器的支持情况

不同的浏览器对<audio> 标签的支持也不同。表 5-2 列出目前主流的浏览器对<audio>标签的支持情况。

注意：微软在 2022 年 6 月 15 日正式停用 IE 浏览器，让这款历史悠久、影响深远且引发巨大争议的软件彻底退役，全线改用 Microsoft Edge。

表 5-2 <audio>标签的浏览器支持情况

音频格式	Firefox 3.5 及更高版本	Edge 20.1 及更高版本	Internet Explorer 9.0 及更高版本	Opera 10.5 及更高版本	Chrome 3.0 及更高版本	Safari 3.0 及更高版本
Ogg Vorbis	支持	-	-	支持	支持	-
MP3	-	支持	支持	-	支持	支持
WAV	支持	-	-	支持	-	支持

5.2　<video>标签

和音频文件播放方式一样，大多数视频文件在网页上也是通过插件来播放的，例如常见的播放插件为 Flash。由于不是所有的浏览器都拥有同样的插件，因此需要一种统一的包含视频的标准方法。为此，HTML5 新增了<video>标签。

5.2.1　<video>标签概述

<video>标签主要是定义播放视频文件或者视频流的标准，支持 3 种视频格式，分别为 OGG、WebM 和 MPEG4。

如果需要在 HTML5 标签网页中播放视频，输入的基本格式如下：

```
<video src="123.mp4" controls="controls">
</ video >
```

另外，在<video>与</video>标签之间插入的内容是供不支持 video 元素的浏览器显示提示信息的。

【例 5.2】<video>标签（源代码\ch05\5.2.html）。

```
<body>
<video src="123.mp4" controls="controls">
您的浏览器不支持 video 标签！
</video>
</body>
```

网页预览效果如图 5-2 所示，可以看到加载的视频控制条界面。

图 5-2　<video>标签的效果

5.2.2　<video>标签的属性

<video>标签的常见属性如表 5-3 所示。

表 5-3　<video>标签的常见属性

属性	值	说明
autoplay	autoplay	视频在就绪后马上播放
controls	controls	向用户显示控件，比如播放按钮
loop	loop	每当视频结束时就重新开始播放
preload	preload	视频在页面加载时进行加载，并预备播放，如果使用 autoplay，就忽略该属性
src	url	要播放的视频的 URL
width	宽度值	设置视频播放器的宽度
height	高度值	设置视频播放器的高度
poster	url	当视频未响应或缓冲不足时，该属性值链接到一个图像。该图像将以一定比例被显示出来

由表 5-3 可知，用户可以自定义视频文件显示的大小。例如，想让视频以 320px×240px 显示，可以加入 width 和 height 属性，具体格式如下：

```
<video width="320" height="240" controls src="123.mp4" >
</video>
```

另外，<video>标签可以通过 source 属性添加多个视频文件，具体格式如下：

```
<video controls="controls">
<source src="123.ogg" type="video/ogg">
<source src="123.mp4" type="video/mp4">
</video>
```

5.2.3　视频解码器

视频解码器定义了视频数据流编码和解码的算法。其中，编码器主要是对数据流进行编码操作，用于存储和传输数据流。视频播放器主要是对视频文件进行解码，然后进行播放操作。

目前，在 HTML5 中，使用比较多的视频解码文件是 Theora、H.264 和 VP8。

5.2.4 <video>标签浏览器的支持情况

不同的浏览器对<video>标签的支持也不同。表 5-4 列出目前主流的浏览器对<video>标签的支持情况。

表5-4 <video>标签的浏览器支持情况

视频格式	Firefox 4.0 及更高版本	Edge 20.1 及更高版本	Internet Explorer 9.0 及更高版本	Opera 10.6 及更高版本	Chrome 6.0 及更高版本	Safari 3.0 及更高版本
Ogg	支持	-	-	支持	支持	-
MPEG 4	-	支持	支持	-	支持	支持
WebM	支持	-	-	支持	支持	-

5.3 音频和视频中的方法

在 HTML5 网页中，操作音频或视频文件的常用方法包括 canPlayType()方法、load()方法、play()方法和 pause()方法。

5.3.1 canPlayType()方法

canPlayType()方法用于检测浏览器是否能播放指定的音频或视频类型。canPlayType()方法返回值包含如下内容：

- probably: 浏览器全面支持指定的音频或视频类型。
- maybe: 浏览器可能支持指定的音频或视频类型。
- ""（空字符串）：浏览器不支持指定的音频或视频类型。

提示：目前，所有主流浏览器都支持 canPlayType()方法。Internet Explorer 8 及之前的版本不支持该方法。

【例 5.3】canPlayType()方法（源代码\ch05\5.3.html）。

```
<body>
<p>浏览器可以播放 MP4 视频吗?<span>
<button onclick="supportType(event,'video/mp4','avc1.42E01E, mp4a.40.2')" type="button">检查</button>
</span></p>
<p>浏览器可以播放 OGG 音频吗?<span>
<button onclick="supportType(event,'audio/ogg','theora, vorbis')" type="button">检查</button>
</span></p>
<script>
function supportType(e,vidType,codType)
{
```

```
    myVid=document.createElement('video');
    isSupp=myVid.canPlayType(vidType+';codecs="'+codType+'"');
    if (isSupp=="")
    {
        isSupp="不支持";
    }
    e.target.parentNode.innerHTML="检查结果: " + isSupp;
}
</script>
</body>
```

网页预览效果如图 5-3 所示。单击"检查"按钮，即可查看浏览器对音频和视频的支持情况，如图 5-4 所示。

图 5-3　预览效果

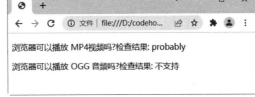

图 5-4　查看浏览器对音频和视频的支持情况

5.3.2　load()方法

load()方法用于重新加载音频或视频文件。load()方法的语法格式如下：

```
audio|video.load()
```

【例 5.4】load()方法（源代码\ch05\5.4.html）。

```
<body>
<button onclick="changeSource()" type="button">更改加载视频</button>
<br />
<video id="video1" controls="controls" autoplay="autoplay">
  <source id="mp4_src" src="123.mp4" type="video/mp4">
  <source id="mp4_src" src="124.mp4" type="video/mp4">
  您的浏览器不支持 HTML5 video  标签。
</video>

<script>
function changeSource()
{
  document.getElementById("mp4_src").src="movie.mp4";
  document.getElementById("mp4_src").src="movie.mp4";
  document.getElementById("video1").load();
}
</script>
</body>
```

网页预览效果如图 5-5 所示。单击"更改加载视频"按钮，即可重新加载视频文件，如图 5-6 所示。

图 5-5　预览效果

图 5-6　重新加载视频文件

5.3.3　play()方法和 pause()方法

play()方法用于播放音频或视频文件。pause()方法用于暂停当前播放的音频或视频文件。

【例 5.5】play()方法和 pause()方法（源代码\ch05\5.5.html）。

```
<body>
<button onclick="playVid()" type="button">播放视频</button>
<button onclick="pauseVid()" type="button">暂停视频</button>
<br />
<video id="video1">
  <source src="124.mp4" type="video/mp4">
  您的浏览器不支持 HTML5 video  标签。
</video>
<script>
var myVideo=document.getElementById("video1");
function playVid()
{
  myVideo.play();
}

function pauseVid()
{
  myVideo.pause();
}
</script>
</body>
```

网页预览效果如图 5-7 所示。单击"播放视频"按钮，开始播放视频；单击"暂停视频"按钮，
暂停播放视频。

图 5-7　预览效果

5.4　音频和视频中的属性

在 HTML5 的网页中，关于音频和视频的属性非常多，本节将介绍几个常用的属性。

5.4.1　autoplay 属性

autoplay 属性设置或返回音频或视频是否在加载后立即开始播放。

设置 autoplay 属性的语法格式如下：

```
audio|video.autoplay=true|false
```

返回 autoplay 属性的语法格式如下：

```
audio|video.autoplay
```

autoplay 属性的取值包括 true 和 false。

● true：设置音频或视频在加载后立即开始播放。

● false：默认值。设置音频或视频在加载后不立即开始播放。

【例 5.6】autoplay 属性（源代码\ch05\5.6.html）。

```
<body>
<button onclick="enableAutoplay()" type="button">启动自动播放</button>
<button onclick="disableAutoplay()" type="button">禁用自动播放</button>
<button onclick="checkAutoplay()" type="button">检查自动播放状态</button>
<br />
<video id="video1" controls="controls">
  <source src="mov_bbb.mp4" type="video/mp4">
  您的浏览器不支持 HTML5 video 标签。
</video>
```

```
<script>
myVid=document.getElementById("video1");
function enableAutoplay()
{
  myVid.autoplay=true;
  myVid.load();
}
function disableAutoplay()
{
  myVid.autoplay=false;
  myVid.load();
}
function checkAutoplay()
{
  alert(myVid.autoplay);
}
</script>
</body>
```

网页预览效果如图 5-8 所示。单击"启动自动播放"按钮，然后单击"检查自动播放状态"按钮，即可看到此时 autoplay 属性值为 true。

图 5-8   预览效果

5.4.2　buffered 属性

buffered 属性返回 TimeRanges 对象。TimeRanges 对象表示用户的音频或视频缓冲范围。缓冲范围指的是已缓冲音频或视频的时间范围。如果用户在音频或视频中跳跃播放，就会得到多个缓冲范围。

返回 buffered 属性的语法格式如下：

```
audio|video.buffered
```

【例 5.7】buffered 属性（源代码\ch05\5.7.html）。

```
<body>
<button onclick="getFirstBuffRange()" type="button">获得视频的第一段缓冲范围</button>
<br />
<video id="video1" controls="controls">
  <source src="mov bbb.mp4" type="video/mp4">
  您的浏览器不支持 HTML5 video 标签。
</video>
<script>
myVid=document.getElementById("video1");
function getFirstBuffRange()
{
  alert("开始: " + myVid.buffered.start(0) + "结束: " + myVid.buffered.end(0));
}
</script>
</body>
```

网页预览效果如图 5-9 所示。播放一段视频后，单击"获得视频的第一段缓冲范围"按钮，即可看到此时视频的缓冲范围。

图 5-9　预览效果

5.4.3　controls 属性

controls 属性设置或返回浏览器显示标准的音频或视频控件。标准的音频或视频控件包括播放、暂停、进度条、音量、全屏切换、字幕和轨道。

设置 controls 属性的语法格式如下：

```
audio|video.controls=true|false
```

返回 controls 属性的语法格式如下：

```
audio|video.controls
```

controls 属性的取值包括 true 和 false。

- true: 设置显示控件。
- false: 设置不显示控件。默认值。

【例 5.8】controls 属性（源代码\ch05\5.8.html）。

```
<body>
<button onclick="enableControls()" type="button">启动控件</button>
<button onclick="disableControls()" type="button">禁用控件</button>
<button onclick="checkControls()" type="button">检查控件状态</button>
<br>
<video id="video1">
  <source src="124.mp4" type="video/mp4">
  您的浏览器不支持 HTML5 video 标签。
</video>
<script>
myVid=document.getElementById("video1");
function enableControls()
{
  myVid.controls=true;
  myVid.load();
}
function disableControls()
{
  myVid.controls=false;
  myVid.load();
}
function checkControls()
{
  alert(myVid.controls);
}
</script>
</body>
```

网页预览效果如图 5-10 所示。单击"启动控件"按钮，然后单击"检查控件状态"按钮，即可看到此时 controls 属性值为 true。

图 5-10　预览效果

5.4.4　currentSrc 属性

currentSrc 属性返回当前音频或视频的 URL。如果未设置音频或视频，就返回空字符串。
返回 currentSrc 属性的语法格式如下：

```
audio|video.currentSrc
```

【例 5.9】currentSrc 属性（源代码\ch05\5.9.html）。

```
<body>
<button onclick="getVid()" type="button">获得当前视频的 URL</button>
<br>
<video id="video1" controls="controls">
  <source src="124.mp4" type="video/mp4">
  您的浏览器不支持 HTML5 video  标签。
</video>
<script>
myVid=document.getElementById("video1");
function getVid()
{
  alert(myVid.currentSrc);
}
</script>
</body>
```

网页预览效果如图 5-11 所示。单击"获得当前视频的 URL"按钮，即可看到当前视频的 URL
路径。

图 5-11　预览效果

第6章

地理定位、离线 Web 应用和 Web 存储

在 HTML5 中，由于地理定位、离线 Web 应用和 Web 存储技术的出现，用户可以查找网站浏览者的当前位置；在线时可以快速存储网站的相关信息，当用户再次访问网站时，将大大提升访问的速度，即使网站脱机，也仍然可以访问站点。本章主要讲述上述新技术的原理和使用方法。

6.1　获取地理位置

在 HTML5 网页代码中，通过一些有用的 API 可以查找浏览者当前的位置。下面将详细讲述地理位置获取的方法。

提示：API 是应用程序的编程接口，是一些预先定义的函数，目的是提供应用程序与开发人员基于某软件或硬件以访问一组例程的能力，而又无须访问源码、理解内部工作机制的细节。

6.1.1　地理定位的原理

通常浏览者浏览网站的方式是不同的，可以分别通过下列方式确定其位置。

（1）如果网站浏览者使用计算机上网，可通过获取浏览者的 IP 地址来确定其具体位置。

（2）如果网站浏览者通过手机上网，可通过获取浏览者的手机信号接收塔来确定其具体位置。

（3）如果网站浏览者的设备上具有 GPS 硬件，可通过获取 GPS 发出的载波信号来获取其具体位置。

（4）如果网站浏览者通过无线上网，可通过无线网络连接来获取其具体位置。

6.1.2　地理定位的函数

通过地理定位，可以确定用户的当前位置，并能获取用户地理位置的变化情况。其中，最常用

的就是 API 中的 getCurrentposition 函数。

getCurrentposition 函数的语法格式如下：

```
void getCurrentPosition(successCallback, errorCallback, options);
```

参数说明：

- successCallback：在位置成功获取时用户想要调用的函数名称。
- errorCallback：在位置获取失败时用户想要调用的函数名称。
- options：指出地理定位时的属性设置。

提示：访问用户位置是耗时的操作，同时出于隐私安全考虑，还要取得用户的同意。

如果地理定位成功，那么新的 Position 对象将调用 displayOnMap 函数，显示设备的当前位置。Position 对象的含义是什么呢？作为地理定位的 API，Position 对象包含位置被确定时的时间戳（timestamp）和位置的坐标（coords），具体语法格式如下：

```
Interface position
{
readonly attribute Coordinates cords;
readonly attribute DOMTimeStamp timestamp;
};
```

6.1.3　指定纬度和经度坐标

地理定位成功后，将调用 displayOnMap 函数，此函数语法格式如下：

```
function displayOnMap(position)
{
var latitude=positon.coords.latitude;
var longitude=postion.coords.longitude;
}
```

其中，第一行函数从 Position 对象获取 coordinates 对象，主要由 API 传递给程序调用；第三行和第四行中定义了两个变量，latitude 和 longitude 属性存储在定义的两个变量中。

为了在地图上显示用户的具体位置，可以利用地图网站的 API。下面以使用百度地图为例进行讲解，需要使用 Baidu Maps Javascript API。在使用此 API 前，需要在 HTML5 页面中添加一个引用，具体代码如下：

```
<--baidu maps API>
<script type= "text/javascript" scr= "http://api.map.baidu.com/api?key=*&v=1.
0&services=true" >
</script>
```

其中，*号代码注册到 key。注册 key 的方法：首先，在"http://openapi.baidu.com/map/index.html"网页中，注册百度地图 API；然后输入需要内置百度地图页面的 URL 地址，生成 API 密钥；最后复制保存 key 文件。

虽然已经包含了 Baidu Maps Javascript API，但是页面中还不能显示内置的百度地图，在添加了 HTML 语言后，再添加以下代码将地图从程序转化为对象：

```
01 <script type="text/javascript"scr="http://api.map.baidu.com/api?key=*&v=1.
0&services=true">
02 </script>
03 <div style="width:600px;height:220px;border:1px solid gary;margin-top:15p
x;" id="container">
04 </div>
05 <script type="text/javascript">
06 var map=new BMap.Map("container");
07 map.centerAndZoom(new BMap.Point(***,***),17);
08 map.addControl(new BMap.NavigationControl());
09 map.addControl(new BMap.ScaleControl());
10 map.addControl(new BMap.OverviewMapControl());
11 var local=new BMap.LocalSearch(map,
12 {
13 enderOptions:{map: map}
14 }
15 );
16 local.search("输入搜索地址");
17 </script>
```

上述代码分析如下：

（1）第 1、2 行主要是把 baidu map API 程序植入源代码中。

（2）第 3 行在页面中设置一个标签，包括宽度和长度，用户可以自己调整；border=1px 定义边框的宽度为 1 个像素，线型为实线，边框显示颜色为灰色，margin-top 为该标签与上边框的距离。

（3）第 7 行为地图中用户位置的坐标。

（4）第 8~10 行为植入地图缩放控制工具。

（5）第 11~16 行为地图中用户的位置，只需在 local search 后填入用户的位置名称即可。

6.2　HTML5 离线 Web 应用

为了能在离线的情况下访问网站，可以采用 HTML5 的离线 Web 功能。本节将介绍 Web 应用程序如何进行缓存。

6.2.1　新增的本地缓存

在 HTML5 中新增了本地缓存（也就是 HTML 离线 Web 应用），主要是通过应用程序来缓存整个离线网站的 HTML、CSS、JavaScript、网站图像和资源。当服务器没有和 Internet 建立连接的时候，也可以利用本地缓存中的资源文件来正常运行 Web 应用程序。

另外，如果网站发生了变化，应用程序缓存将重新加载变化的数据文件。

6.2.2　本地缓存的管理者——manifest 文件

那么客户端的浏览器是如何知道应该缓存哪些文件的呢？这就需要依靠 manifest 文件来管理了。

manifest 文件是一个简单文本文件，在该文件中以清单的形式列举了需要被缓存或不需要被缓存的资源文件的文件名称以及这些资源文件的访问路径。

manifest 文件把指定的资源文件类型分为 3 类，分别是 "CACHE" "NETWORK" 和 "FALLBACK"。这 3 类的含义分别如下：

- CACHE 类别：该类别指定需要被缓存在本地的资源文件。这里需要特别注意的是：为某个页面指定需要本地缓存的资源文件时，不需要把这个页面本身指定在 CACHE 类型中，因为如果一个页面具有 manifest 文件，浏览器就会自动对这个页面进行本地缓存。
- NETWORK 类别：该类别为不进行本地缓存的资源文件，这些资源文件只有当客户端与服务器端建立连接的时候才能访问。
- FALLBACK 类别：该类别中指定两个资源文件，其中一个资源文件为能够在线访问时使用的资源文件，另一个资源文件为不能在线访问时使用的备用资源文件。

一个简单的 manifest 文件的内容如下：

```
CACHE MANIFEST
#文件的开头必须是 CACHE MANIFEST
CACHE:
123.html
myphoto.jpg
12.php
NETWORK:
http://www.baidu.com/xxx
feifei.php
FALLBACK:
online.js locale.js
```

上述代码分析如下：

（1）指定资源文件，文件路径可以是相对路径，也可以是绝对路径。指定时每个资源文件为独立的一行。

（2）第一行必须是 CACHE MANIFEST，此行的作用是告诉浏览器需要对本地缓存中的资源文件进行具体设置。

（3）每一个类型都必须出现，而且同一个类别可以重复出现。如果文件开头没有指定类别而直接书写资源文件，那么浏览器将把这些资源文件视为 CACHE 类别。

（4）在 manifest 文件中，注释行以 "#" 开始，主要用于进行一些必要的说明或解释。

为单个网页添加 manifest 文件时，需要在 Web 应用程序页面上的 html 元素的 manifest 属性中指定 manifest 文件的 URL 地址。具体的代码如下：

```
<html manifest="123.manifest">
```

添加上述代码后，浏览器就能够正常地阅读该文本文件。

提示：用户可以为每一个页面单独指定一个 manifest 文件，也可以对整个 Web 应用程序指定一个总的 manifest 文件。

上述操作完成后，即可实现资源文件缓存到本地。当要对本地缓存区的内容进行修改时，只需要修改 manifest 文件。文件被修改后，浏览器可以自动检查 manifest 文件，并自动更新本地缓存区中的内容。

6.2.3　浏览器网页缓存与本地缓存的区别

浏览器网页缓存与本地缓存的主要区别如下：

（1）浏览器网页缓存主要是为了加快网页加载的速度，所以会对每一个打开的网页都进行缓存操作，而本地缓存是为整个 Web 应用程序服务的，只缓存那些指定缓存的网页。

（2）在网络连接的情况下，浏览器网页缓存一个页面的所有文件，一旦离线，用户单击链接时就会得到一个错误消息。本地缓存在离线时仍然可以正常访问。

（3）对于网页浏览者而言，浏览器网页缓存了哪些内容和资源、这些内容是否安全可靠等都不知道；而本地缓存的页面是编程人员指定的内容，所以在安全方面相对可靠了许多。

6.3　Web 存储

在 HTML5 标准之前，Web 存储信息需要 Cookie 来完成，但是 Cookie 不适合大量数据的存储，因为它们由每个对服务器的请求来传递，这使得 Cookie 速度很慢而且效率也不高。为此，在 THML5 中，Web 存储 API 为用户如何在计算机或设备上存储用户信息做了数据标准的定义。

6.3.1　本地存储和 Cookie 的区别

本地存储和 Cookie 扮演着类似的角色，但是它们有根本的区别。

（1）本地存储仅存储在用户的硬盘上并等待用户读取，而 Cookie 是在服务器上读取的。

（2）本地存储仅供客户端使用，如果需要服务器端根据存储数值做出反应，就应该使用 Cookie。

（3）读取本地存储不会影响到网络带宽，但是使用 Cookie 将会发送到服务器，这样会影响到网络带宽，无形中增加了成本。

（4）从存储容量上看，本地存储可存储多达 5MB 的数据信息，而 Cookie 最多只能存储 4KB 的数据信息。

6.3.2　在客户端存储数据

在 HTML5 标准中，提供了以下两种在客户端存储数据的新函数。

（1）sessionStorage：针对一个 session 的数据存储，也被称为会话存储。让用户跟踪特定窗口中的数据，即使同时打开的两个窗口是同一站点，每个窗口也有自己独立的存储对象。用户会话的持续时间只限定在用户打开浏览器窗口的时间，一旦关闭浏览器窗口，用户会话就立即结束。

（2）localStorage：没有时间限制的数据存储，也被称为本地存储，和会话存储不同，本地存储将在用户计算机上永久保存数据信息。关闭浏览器窗口后，如果再次打开该站点，将可以检索所有存储在本地上的数据。

在 HTML5 中，数据不是由每个对服务器的请求来传递的，而是只有在请求时才使用数据，这样的话在存储大量数据时不会影响网站性能。对于不同的网站，数据存储于不同的区域，并且一个网站只能访问其自身的数据。

提示：HTML5 使用 JavaScript 来存储和访问数据，为此，建议用户多了解一下 JavaScript 的基本知识。

6.3.3　sessionStorage 函数

sessionStorage 函数针对一个 session 进行数据存储。当用户关闭浏览器窗口后，数据会被自动删除。

创建一个 sessionStorage 函数的基本语法格式如下：

```
<script type="text/javascript">
sessionStorage.abc=" ";
</script>
```

【例 6.1】sessionStorage 函数（源代码\ch06\6.1.html）。

```
<body>
<script type="text/javascript">
sessionStorage.name="我们的公司是:英达科技文化公司";
document.write(sessionStorage.name);
</script>
</body>
```

浏览效果如图 6-1 所示，sessionStorage 函数创建的对象内容显示在网页中。

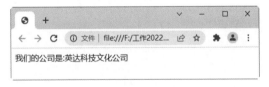

图 6-1　sessionStorage 函数创建对象的效果

下面继续使用 sessionStorage 函数来做一个实例，主要制作记录用户访问网站次数的计数器。

【例 6.2】使用 sessionStorage 函数制作计数器（源代码\ch06\6.2.html）。

```
<body>
<script type="text/javascript">
if(sessionStorage.count)
{
sessionStorage.count=Number(sessionStorage.count)+1;
}
else
{
sessionStorage.count=1;
}
```

```
document.write("您访问该网站的次数为："+sessionStorage.count);
</script>
</body>
```

浏览效果如图 6-2 所示。用户刷新一次页面，计数器的数值就加 1。

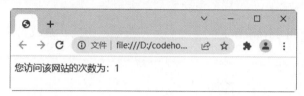

图 6-2　sessionStorage 函数制作计数器的效果

6.3.4　localStorage 函数

与 seessionStorage 函数不同，localStorage 函数存储的数据没有时间限制。也就是说当网页浏览者关闭网页很长一段时间后，再次打开此网页时，数据依然可用。

创建一个 localStorage 函数的基本语法格式如下：

```
<script type="text/javascript">
localStorage.abc=" ";
</script>
```

【例 6.3】localStorage 函数（源代码\ch06\6.3.html）。

```
<body>
<script type="text/javascript">
localStorage.name="学习 HTML5 最新的技术：Web 存储";
document.write(localStorage.name);
</script>
</body>
```

浏览效果如图 6-3 所示，localStorage 函数创建的对象内容显示在网页中。

图 6-3　localStorage 函数创建对象的效果

第7章

认识 Vue.js 3.x

随着网站功能越来越复杂，成千上万行的 HTML、CSS 和 JavaScript 代码让网站变得越来越臃肿，Vue.js 框架（本书也称 Vue.js 为 Vue）的出现解决了这个问题。Vue.js 是一套用于构建用户界面的渐进式框架。本章将重点介绍 Vue.js 的基本知识、MV*模式和在项目中引入 Vue.js 的方法。

7.1 Vue.js 概述

Vue.js 建立在 Angular 和 React 的基础之上，它既保留了 Angular 和 React 的优点，又添加了自己的独特成分，正在一步步地被大家认可并付之于开发实践。

7.1.1 Vue.js 是什么

Vue.js 是一套构建前端的 MVVM（Model-View-ViewModel）框架，它集合了众多优秀主流框架的设计思想，轻量、数据驱动（默认单向数据绑定，但也支持双向数据绑定）、学习成本低，且可与 webpack/gulp 构建工具结合实现 Web 组件化开发、构建部署等。

Vue.js 本身就拥有一套较为成熟的生态系统：Vue+vue-router+vuex+webpack+sass/less，不仅满足小的前端项目开发，也完全胜任大型的前端应用开发，包括单页面应用（SPA）和多页面应用（MPA）等。Vue.js 可实现前端页面和后端业务分离、快速开发、单元测试、构建优化和部署等。

说到前端框架，当下比较流行的有 Vue.js、React.js 和 Angular.js。Vue.js 以其容易上手的 API、不俗的性能、渐进式的特性和活跃的社区，从其中脱颖而出。截止到目前，Vue.js 在 GitHub 上的 star 数已经超过了其他两个框架，成为最热门的框架。

一方面，Vue.js 的核心库只关注视图层，不仅易于上手，还便于与第三方库或既有项目进行整合。另一方面，当与现代化的工具链以及各种支持类库结合使用时，Vue.js 也完全能够为复杂的单页面应用提供驱动。

Vue.js 就是通过尽可能简单的 API 实现响应、数据绑定和组合的视图组件，核心是一个响应的数据绑定系统。Vue.js 被定义成一个用来开发 Web 界面的前端框架，是个非常轻量级的工具。使用 Vue.js 可以让 Web 开发变得简单，同时也颠覆了传统的前端开发模式。

Vue.js 是渐进式的 JavaScript 框架，如果已经有一个现成的服务端应用，可以将 Vue.js 作为该应用的一部分嵌入其中，给用户带来更加丰富的交互体验，或者如果希望将更多的业务逻辑放到前端来实现，那么 Vue.js 的核心库及其生态系统也可以满足用户的各式需求。

和其他前端框架一样，Vue.js 允许将一个网页分割成可复用的组件，每个组件都包含属于自己的 HTML、CSS 和 JavaScript（见图 7-1），以用来渲染网页中相应的地方。

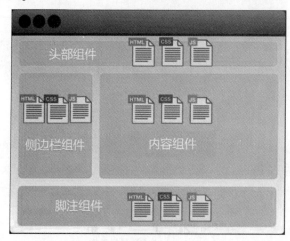

图 7-1　组件化

这种把网页分割成可复用组件的方式，就是框架"组件化"的思想。Vue.js 组件化的理念和 React 异曲同工——"一切皆组件"。Vue.js 可以将任意封装好的代码注册成组件，例如：Vue.component('example',options)可以在模板中以标签的形式调用组件。其中，example 是组件的名称，options 是组件的参数配置。经常使用到的参数配置是 template（模板），它是组件将会渲染的 HTML 内容。

例如，调用 example 组件的方式如下：

```
<body>
<hi>我是主页</hi>
<!-- 在模板中调用 example 组件 -->
<example></example>
<p>欢迎访问我们的网站</p>
</body>
```

如果组件设计合理，在很大程度上可以减少重复开发，而且配合 Vue.js 的单文件组件（vue-loader），可以将一个组件的 CSS、HTML 和 JavaScript 都写在一个文件里，做到模块化开发。除此之外，Vue.js 也可以与 vue-router 和 vue-resource 插件配合使用，以支持路由和异步请求，这样就满足了开发 SPA 的基本条件。

在 Vue.js 中，单文件组件是指一个后缀为.vue 的文件，它可以由各种各样的组件组成，大至一个页面组件，小至一个按钮组件。在后面章节将详细介绍单文件组件的实现。

SPA 是指只有一个 Web 页面的应用。单页面应用程序是加载单个 HTML 页面并在用户与应用程序交互时，动态更新该页面的 Web 应用程序。浏览器一开始就会加载必需的 HTML、CSS 和 JavaScript，所有的操作都在这个 HTML 页面上完成，由 JavaScript 来控制交互和页面的局部刷新。

7.1.2　Vue.js 的发展历程

Vue.js 是一种"渐进式框架"，通过降低框架作为工具的复杂度，从而降低对使用者的要求。从脚手架、构建、组件化、插件化，到编辑器工具、浏览器插件等，Vue.js 基本涵盖了从开发到测试等多个环节。Vue.js 的发展过程如下：

2013 年 12 月 24 日，发布 Vue.js 0.7.0。

2014 年 1 月 27 日，发布 Vue.js 0.8.0。

2014 年 2 月 25 日，发布 Vue.js 0.9.0。

2014 年 3 月 24 日，发布 Vue.js 0.10.0。

2015 年 10 月 27 日，正式发布 Vue.js 1.0.0。

2016 年 4 月 27 日，发布 Vue.js 2.0 的 preview 版本。

2017 年第一个发布的 Vue.js 的为 v2.1.9，最后一个发布的 Vue.js 为 v2.5.13。

2019 年发布 Vue.js 2.6.10，也是比较稳定的版本。

2020 年 9 月 18 日，正式发布 Vue.js 3.0。

2022 年 2 月 7 日，宣布 Vue.js 3 正式作为默认版本。

7.2　MV*模式

MVC 是 Web 开发中应用非常广泛的一种架构模式，之后又演变成 MVVM 模式。

7.2.1　MVC 模式

随着 JavaScript 的发展，在开发过程中渐渐显现出各种不和谐——组织代码混乱、业务与操作 DOM 杂合，所以引入了 MVC 模式。

在 MVC 模式中，M 指模型（Model），是后端传递的数据；V 指视图（View），是用户所看到的页面；C 指控制器（Controller），是页面业务逻辑。MVC 模式示意图如图 7-2 所示。

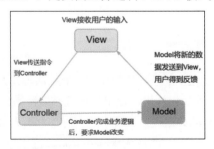

图 7-2　MVC 模式示意图

使用 MVC 模式的目的是将 Model 和 View 的代码分离，实现 Web 系统的职能分工。MVC 模式是单向通信，也就是 View 和 Model 需要通过 Controller 来承上启下。

7.2.2　MVVM 模式

随着网站前端开发技术的发展，又出现了 MVVM 模式。不少前段框架都采用了 MVVM 模式，例如，当前比较流行的 Angualr 和 Vue.js。

MVVM 是 Model-View-ViewModel 的简写，其中 MV 和 MVC 模式中的一样，VM 指 ViewModel，是视图模型。MVVM 模式示意图如图 7-3 所示。

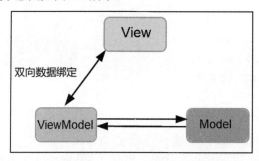

图 7-3　MVVM 模式示意图

ViewModel 是 MVVM 模式的核心，是连接 View 和 Model 的桥梁。它有两个方向：

- 将模型（Model）转化成视图（View），将后端传递的数据转化成用户所看到的页面。
- 将视图（View）转化成模型（Model），即将所看到的页面转化成后端的数据。

这两个方向都实现的模式，就是 Vue.js 中数据的双向绑定。

7.3　在项目中引入 Vue.js

在项目中引入 Vue.js 有 4 种方式：

（1）使用 CDN（Content Delivery Network，内容分发网络）的方式。
（2）使用 NPM 的方式。
（3）使用命令行工具（Vue CLI）的方式。
（4）使用 Vite 的方式。

7.3.1　使用 CDN 的方式

CDN 是构建在现有网络基础之上的智能虚拟网络，依靠部署在各地的边缘服务器，通过中心平台的负载均衡、内容分发、调度等功能模块，使用户就近获取所需内容，降低网络拥塞，提高用户访问的响应速度和命中率。CDN 的关键技术主要有内容存储和分发技术。

使用 CDN 的方式来安装 Vue 框架，就是选择一个 Vue.js 链接稳定的 CDN 服务商。选择好 CDN

后，在页面中引入 Vue 的代码如下：

```
<script src="https://unpkg.com/vue@next"></script>
```

7.3.2　使用 NPM 的方式

NPM 是一个 Node.js 包管理和分发工具，也是整个 Node.js 社区最流行、支持第三方模块最多的包管理器。在安装 Node.js 环境时，安装包中已包含 NPM，如果安装了 Node.js，则不需要再安装 NPM。

用 Vue 构建大型应用时推荐使用 NPM 安装。NPM 能很好地和诸如 webpack 或 Browserify 模块打包器配合使用。

使用 NPM 安装 Vue.js 3.x 的命令如下：

```
# 最新稳定版
$ npm install vue@next
```

由于国内访问国外的服务器非常慢，而 NPM 的官方镜像就是国外的服务器，为了节省安装时间，推荐使用淘宝 NPM 镜像 CNPM，在命令提示符窗口中输入命令如下：

```
npm install -g cnpm --registry=https://registry.npm.taobao.org
```

以后就可以直接使用 cnpm 命令安装模块，命令如下：

```
cnpm install 模块名称
```

注意：通常在开发 Vue.js 3.x 的前端项目时，多数情况下会使用 Vue CLI 先搭建脚手架项目，此时会自动安装 Vue 的各个模块，不需要使用 NPM 单独安装 Vue。

7.3.3　使用命令行工具的方式

Vue 提供了一个官方的脚手架（Vue CLI），使用它可以快速搭建一个应用。搭建的应用只需要几分钟的时间就可以运行起来，并带有热重载、保存时自动执行 lint 校验等功能，以及生产环境可用的构建版本。

初始化的工程可以使用 Vue 的单文件组件，它包含了各自的 HTML、JavaScript 以及带作用域的 CSS 或者 SCSS，格式如下：

```
<template>
    HTML
</template>
<script>
    JavaScript
</script>
<style scoped>
    CSS 或者 SCSS
</style>
```

Vue CLI 工具假定用户对 Node.js 和相关构建工具有一定程度的了解。如果是新手，建议在熟悉

Vue 本身之后再使用 Vue CLI 工具。本书第 17 章将具体介绍脚手架的安装方法以及如何快速创建一个项目。

7.3.4　使用 Vite 的方式

Vite 是 Vue 的作者尤雨溪开发的一个 Web 开发构建工具，它是一个基于浏览器原生 ES 模块导入的开发服务器，在开发环境下，利用浏览器去解析 import，在服务器端按需编译返回，完全跳过了打包这个概念，服务器随启随用。本书第 17.8 节将具体介绍 Vite 的使用方法。

7.4　项目实训——第一个 Vue.js 程序

Vue 在创建组件实例时会调用 data()函数，该函数将返回数据对象，最后通过 mount()方法在指定的 DOM 元素上装载应用程序实例的根组件，从而实现数据的双向绑定。下面通过一个简单的图文页面来理解 Vue.js 程序。

【例 7.1】编写简单的图文页面（源代码\ch07\7.1.html）。

这里使用了 v-bind 指令绑定 IMG 的 src 属性，使用{{}}语法（插值语法）显示标题<h2>的内容，代码如下：

```html
<!DOCTYPE html>
<html>
<head>
    <meta charset="UTF-8">
</head>
<body>
<div id="app">
    <div><img v-bind:src="url"></div>
    <h2>{{ explain }}</h2>
</div>
<!--引入 vue 文件-->
<script src="https://unpkg.com/vue@next"></script>
<script>
    //创建一个应用程序实例
    const vm= Vue.createApp({
        //该函数返回数据对象
        data(){
          return{
            url:'1.jpg',
            explain:'敕勒川，阴山下。天似穹庐，笼盖四野。',
          }
        }
        //在指定的 DOM 元素上装载应用程序实例的根组件
    }).mount('#app');
```

```
</script>
</body>
</html>
```

程序运行效果如图 7-4 所示。以上代码就成功创建了第一个 Vue.js 程序，看起来这跟渲染一个字符串模板非常类似，但是 Vue 在背后做了大量工作。我们可以通过浏览器的 JavaScript 控制台来验证。例如，在谷歌浏览器上按 F12 键，打开控制台，并切换到 "Console" 选项，修改 vm.explain="天苍苍,野茫茫,风吹草低见牛羊。"，按 Enter 键后，可以发现页面的内容也发生了改变，效果如图 7-5 所示。

图 7-4　简单的图文页面效果

图 7-5　在控制台上修改后的效果

出现这样的效果，是因为 Vue 是响应式的，当数据变更时，Vue 会自动更新网页中所有用到它的地方。不仅是对字符串类型，Vue 对其他类型的数据也是响应式的。

特别说明：在之后的章节中，示例不再提供完整的代码，而是根据上下文，将 HTML 部分与 JavaScript 部分单独展示，省略了 <head>、<body> 等标签以及 Vue.js 的加载等，读者可以根据例 7.1 的结构来组织代码，或者直接在本书配套下载资源中查看完整的示例代码。

第8章

Vue.js 模板语法

Vue.js 使用了基于 HTML 的模板语法，允许开发者声明式地将 DOM 绑定至底层 Vue 实例的数据中。所有 Vue.js 的模板都是合法的 HTML，所以能被遵循规范的浏览器和 HTML 解析器解析。在底层的实现上，Vue 将模板编译成虚拟 DOM 渲染函数。结合响应系统，Vue 能够智能地计算出最少需要重新渲染多少组件，并把 DOM 操作次数减到最少。本章将介绍 Vue.js 模板语法中数据绑定的语法和指令的使用。

8.1 创建应用程序实例

在一个使用 Vue.js 框架的页面应用程序中，最终都会创建一个应用程序的实例对象并挂载到指定 DOM 上。这个实例将提供应用程序的上下文，应用程序实例装载的整个组件树将共享相同的上下文。

在 Vue.js 3.x 中，创建应用程序的实例的语法格式如下：

```
Vue.createAPP(App)
```

应用程序的实例充当了 MVVM 模式中的 ViewModel。createAPP()是一个全局 API，它接收一个根组件选项对象作为参数，该对象可以包含数据、方法、组件生命周期钩子等，然后返回应用程序实例本身。Vue.js 3.x 引入 createAPP()是为了解决 Vue.js 2.x 全局配置代理的一些问题。

创建了应用程序的实例后，可以调用实例的 mount()方法，制定一个 DOM 元素，在该 DOM 元素上装载应用程序的根组件，这样这个 DOM 元素中的所有数据变化都会被 Vue 框架所监控，从而实现数据的双向绑定。实例的 mount()方法的语法格式如下：

```
Vue.createAPP(App).mount('#app')
```

【例 8.1】创建应用程序实例（源代码\ch08\8.1.html）。

```
<div id="app">
```

```
    <!-简单的文本插值-->
    <h2>{{ message }}</h2>
</div>
<!--引入 vue 文件-->
<script src="https://unpkg.com/vue@next"></script>
<script>
    //创建一个应用程序实例
    const vm= Vue.createApp({
        //该函数返回数据对象
        data(){
          return{
                message:'天接云涛连晓雾,星河欲转千帆舞。'
            }
        }
        //在指定的 DOM 元素上装载应用程序实例的根组件
    }).mount('#app');
</script>
```

在组件选项对象中有一个 data()函数，Vue 在创建组件实例时会调用该函数。data()函数返回一个数据对象，Vue 会将这个对象包装到它的响应式系统中，即转化为一个代理对象，此代理使 Vue 在访问或修改属性时，能够执行依赖项跟踪和改进通知，从而自动渲染 DOM。数据对象的每一个属性都会被视为一个依赖项。

网页预览效果如图 8-1 所示。

图 8-1　创建应用程序实例

8.2　插值

应用程序实例创建完成后，就需要通过插值进行数据绑定。数据绑定最常见的形式就是使用 Mustache 语法（双大括号）的文本插值：

```
<span>Message: {{ message}}</span>
```

Mustache 标签将会被替代为对应数据对象上 message 属性的值。无论何时，绑定的数据对象的 message 属性发生了改变，插值处的内容也会更新。

通过使用 v-once 指令，也能执行一次性地插值，当数据改变时，插值处的内容不会更新，但是这会影响到该节点上的其他数据绑定：

```
<span v-once>这个将不会改变：{{ message }}</span>
```

运行程序 8.1.html，按 F12 键打开控制台，并切换到"Elements"选项，可以查看渲染的结果，如图 8-2 所示。

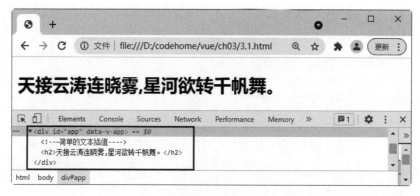

图 8-2　渲染文本

注意：Mustache 语法（双大括号）会将数据解释为普通文本，而非 HTML 代码。为了输出真正的 HTML 代码，以便浏览器能够正常解析，需要使用 v-html 指令。9.1.6 节会详细讲述 v-html 指令的使用方法。

在模板中，一直都只绑定简单的属性键值。但实际上，对于所有的数据绑定，Vue.js 都提供了完全的 JavaScript 表达式支持。JavaScript 表达式如下：

```
{{ number + 1 }}
{{ ok ? 'YES' : 'NO' }}
{{ message.split('').reverse().join('')}}
<div v-bind:id="'list-' + id"></div>
```

上面这些表达式会在所属 Vue 实例的数据作用域下作为 JavaScript 被解析。限制就是，每个绑定都只能包含单个表达式，所以下面的例子都不会生效。

```
<!-- 这是语句，不是表达式 -->
{{ var a = 1}}
<!-- 流控制也不会生效，请使用三元表达式 -->
{{ if (ok) { return message } }}
```

【例 8.2】使用 JavaScript 表达式（源代码\ch08\8.2.html）。

```
<div id="app">
   <!--使用 JavaScript 表达式-->
   <h2>{{ name.toUpperCase()}}</h2>
   <p>总路程为{{speed*time}}米</p>
</div>
<!--引入 vue 文件-->
<script src="https://unpkg.com/vue@next"></script>
<script>
    //创建一个应用程序实例
    const vm= Vue.createApp({
        //该函数返回数据对象
        data(){
          return{
```

```
            name:'xiaoming',
            speed:50,
            time:30
            }
        }
        //在指定的 DOM 元素上装载应用程序实例的根组件
    }).mount('#app');
</script>
```

运行程序，结果如图 8-3 所示。

图 8-3　使用 JavaScript 表达式

8.3　方法选项

在 Vue 中，方法可以在实例的 methods 选项中定义。

8.3.1　方法的使用方式

使用方法有两种方式，一种是使用插值{{}}方式，另一种是使用事件调用。

1. 使用插值方式

下面通过一个字符串翻转的示例来看一下如何通过使用插值方式来使用方法。

【例 8.3】使用插值方式使用方法（源代码\ch08\8.3.html）。

在 input 中通过 v-model 指令双向绑定 message，然后在 methods 选项中定义 reversedMessage 方法，让 message 的内容反转，然后使用插值语法渲染到页面。

```
<div id="app">
    输入内容: <input type="text" v-model="message"><br/>
    反转内容: {{reversedMessage()}}
 </div>
<!--引入 vue 文件-->
<script src="https://unpkg.com/vue@next"></script>
<script>
    //创建一个应用程序实例
    const vm= Vue.createApp({
        //该函数返回数据对象
        data(){
```

```
        return{
          message: ''
          }
      },
       //在选项对象的 methods 属性中定义方法
      methods: {
          reversedMessage:function () {
              return this.message.split('').reverse().join('')
           }
      }
       //在指定的 DOM 元素上装载应用程序实例的根组件
    }).mount('#app');
</script>
```

运行程序，然后在文本框中输入"生命是流淌的江河"，可以看到反转后的内容显示为"河江的淌流是命生"，如图 8-4 所示。

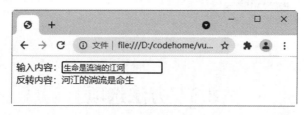

图 8-4　使用插值方式使用方法

2. 使用事件调用

下面通过一个单击按钮自增数值的示例来看一下如何使用事件调用来使用方法。

【例 8.4】使用事件调用使用方法（源代码\ch08\8.4.html）。

首先在 data()函数中定义 num 属性，然后在 methods 选项中定义 add()方法，该方法每次调用 num 自增。在页面中首先使用插值渲染 num 的值，使用 v-on 指令绑定 click 事件，然后在事件中调用 add() 方法。

```
<div id="app">
     {{num}}
    <p><button v-on:click="subtract()">自减</button></p>
 </div>
<!--引入 vue 文件-->
<script src="https://unpkg.com/vue@next"></script>
<script>
    //创建一个应用程序实例
   const vm= Vue.createApp({
       //该函数返回数据对象
       data(){
         return{
           num:100
          }
       },
        //在选项对象的 methods 属性中定义方法
```

```
        methods: {
            subtract:function(){
                this.num-=1
            }
        }
    //在指定的 DOM 元素上装载应用程序实例的根组件
    }).mount('#app');
</script>
```

运行程序，可以发现每单击一次"自减"按钮，num 的值就减少 1，结果如图 8-5 所示。

图 8-5　使用事件调用使用方法

8.3.2　传递参数

在方法中传递参数和正常的 JavaScript 传递参数的方法一样，分为两个步骤：

步骤 01 在 methods 的方法中进行声明，例如给【例 8.4】中的 subtract()方法加上一个参数 s，声明如下：

```
add:function(s){}
```

步骤 02 调用方法时直接传递参数，例如这里传递传为 10，在 button 上直接写：

```
<button v-on:click="subtract(10)">增加</button>
```

下面修改一下【例 8.4】的代码，每次单击"减少"按钮时都自减 10。

【例 8.5】传递参数（源代码\ch08\8.5.html）。

```
<div id="app">
    {{num}}
    <p><button v-on:click="subtract(10)">减少</button></p>
</div>
<!--引入 vue 文件-->
<script src="https://unpkg.com/vue@next"></script>
<script>
    //创建一个应用程序实例
    const vm= Vue.createApp({
        //该函数返回数据对象
        data(){
          return{
            num:100
            }
        },
```

```
        //在选项对象的 methods 属性中定义方法
        methods: {
            subtract:function(s){
                this.num-=s
            }
        }
    //在指定的 DOM 元素上装载应用程序实例的根组件
    }).mount('#app');
</script>
```

运行程序，可以发现单击 1 次 "减少" 按钮， num 值自减 10，结果如图 8-6 所示。

图 8-6　传递参数

8.3.3　方法之间的调用

在 Vue 中，methods 选项中的一个方法可以调用 methods 中的另外一个方法，语法格式如下：

```
this.$options.methods.+方法名
```

【例 8.6】方法之间的调用（源代码\ch08\8.6.html）。

```
<div id="app">
    {{content}}
    {{way2()}}
 </div>
<!--引入 vue 文件-->
<script src="https://unpkg.com/vue@next"></script>
<script>
    //创建一个应用程序实例
    const vm= Vue.createApp({
        //该函数返回数据对象
        data(){
          return{
            content:"苹果"
          }
        },
        //在选项对象的 methods 属性中定义方法
        methods: {
          way1:function(){
              alert("今日苹果的秒杀价是 8.68 元每公斤！");
          },
          way2:function(){
              this.$options.methods.way1();
          }
```

```
    }
    //在指定的 DOM 元素上装载应用程序实例的根组件
    }).mount('#app');
</script>
```

运行程序，结果如图 8-7 所示。

图 8-7　方法之间的调用

8.4　指令

指令是带有"v-"前缀的特性。指令特性的值预期是单个 JavaScript 表达式（v-for 例外）。指令的职责是，当表达式的值改变时，将其产生的连带影响响应式地作用于 DOM。

例如下面代码，v-if 指令将根据表达式布尔值的真假来插入或移除<p>元素。

```
<p v-if="boole">现在你可以看到我了</p>
```

1. 参数

一些指令能够接收一个"参数"，在指令名称之后以冒号表示。例如，v-bind 指令可以用于响应式地更新 HTML 特性：

```
<a v-bind:href="url">...</a>
```

在这里 href 是参数，告知 v-bind 指令将该元素的 href 特性与表达式 url 的值绑定。

v-on 指令用于监听 DOM 事件，例如下面代码：

```
<a v-on:click="doSomething">...</a>
```

其中参数 click 是监听的事件名，在 9.1.4 节中将会详细介绍 v-on 指令的具体用法。

2. 动态参数

从 Vue 2.6.0 版本开始，可以用方括号括起来的 JavaScript 表达式作为一个指令的参数，例如：

```
<a v-bind:[attributeName]="url"> ... </a>
```

这里的 attributeName 会被作为一个 JavaScript 表达式进行动态求值，求得的值将会作为最终的参数来使用。例如，在 Vue 实例的 data 选项中有一个 attributeName 属性，其值为"href"，那么这个绑定等价于 v-bind:href。

同样地，可以使用动态参数为一个动态的事件名绑定处理函数，代码如下：

```
<a v-on:[eventName]="doSomething"> ... </a>
```

在这段代码中，当 eventName 的值为"click"时，v-on:[eventName]将等价于 v-on:click。

下面看一个示例，用 v-bind 绑定动态参数 attr，v-on 绑定事件的动态参数 things。

【例 8.7】动态参数（源代码\ch08\8.7.html）。

```
<div id="app">
    <p><a v-bind:[attr]="url">百度链接</a></p>
    <p><button v-on:[things]="doSomething">单击事件</button></p>
</div>
<!--引入 vue 文件-->
<script src="https://unpkg.com/vue@next"></script>
<script>
    //创建一个应用程序实例
    const vm= Vue.createApp({
        //该函数返回数据对象
        data(){
          return{
            attr: 'href',
            things: 'click',
            url: 'baidu.com'
          }
        },
        //在选项对象的 methods 属性中定义方法
        methods: {
          doSomething: function() {
            alert('触发了单击事件!')
          }
        }
        //在指定的 DOM 元素上装载应用程序实例的根组件
    }).mount('#app');
</script>
```

运行程序，在页面中单击"单击事件"按钮，弹出对话框显示"触发了单击事件！"，如图 8-8
所示。

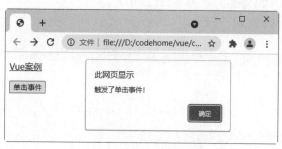

图 8-8 动态参数

对动态参数的值的约束：动态参数预期会求出一个字符串，异常情况下值为 null。这个特殊的

null 值可以被显式地用于移除绑定。任何其他非字符串类型的值都将触发一个警告。

动态参数表达式有一些语法约束，因为某些字符（如空格和引号）放在 HTML 属性名里是无效的。例如：

```
<!--这会触发一个编译警告-->
<a v-bind:['foo' + bar]="value">...</a>
```

所以不要使用带空格或引号的表达式，可以用计算属性代替这种复杂表达式。

3. 事件修饰符

修饰符（modifier）是以半角句号“.”指明的特殊后缀，用于指出 v-on 指令应该以何种方式绑定。例如.prevent 修饰符告诉 v-on 指令对于触发的事件调用 event.preventDefault()：

```
<form v-on:submit.prevent="onSubmit">...</form>
```

在 14.3 节将详细介绍事件修饰符。

第9章

精通指令

指令是 Vue 模板中最常用的一项功能，它带有前缀 v-，主要职责是当其表达式的值改变时，相应地将某些行为应用在 DOM 上。本章除了介绍 Vue 的内置指令以外，还介绍自定义指令的注册与使用方法。

9.1　常见内置指令

内置指令顾名思义，是 Vue 内置的一些指令，它针对一些常用的页面功能提供了以指令来封装的使用形式。内置指令以 HTML 属性的方式来使用。

9.1.1　v-show

v-show 指令会根据表达式的真、假值，切换元素的 display CSS 属性，来显示或者隐藏元素。当条件变化时，该指令会自动触发过渡效果。

【例 9.1】v-show 指令（源代码\ch09\9.1.html）。

```
<div id="app">
    <h3 v-show="ok">电视机</h3>
    <h3 v-show="no">冰箱</h3>
    <h3 v-show="num">=1000">销量过千台！</h3>
</div>
<!--引入 vue 文件-->
<script src="https://unpkg.com/vue@next"></script>
<script>
    //创建一个应用程序实例
    const vm= Vue.createApp({
        //该函数返回数据对象
        data(){
```

```
            return{
                ok:true,
                no:false,
                num:1000
            }
        }
        //在指定的 DOM 元素上装载应用程序实例的根组件
    }).mount('#app');
</script>
```

运行程序，按 F12 键打开控制台，并切换到"Elements"选项，展开<div>标签，结果如图 9-1 所示。

从上面的示例可以发现，"冰箱"并没有显示，因为 v-show 指令计算"no"的值为 false，所以不会显示元素。

在谷歌浏览器的控制台中可以看到，使用 v-show 指令，元素本身是被渲染到页面的，只是通过 CSS 的 display 属性来控制元素的显示或者隐藏。如果 v-show 指令计算的结果为 false，则设置其样式为"display:none;"。

下面在谷歌浏览器的控制台中，双击代码后修改"冰箱"一栏中 display 为 true，可以发现页面中就显示了冰箱，如图 9-2 所示。

图 9-1　v-show 指令　　　　　　图 9-2　修改"冰箱"一栏中 display 为 true

9.1.2　v-bind

v-bind 指令主要用于响应更新 HTML 元素的属性，将一个或多个属性或者一个组件的 prop 动态绑定到表达式。

下面示例中，将按钮的 title 和 style 属性通过 v-bind 指令进行绑定，这里对于样式的绑定，需要构建一个对象。其他对于样式的绑定方法，将在后面的章节中进行详细介绍。

【例 9.2】v-bind 指令（源代码\ch09\9.2.html）。

```
<div id="app">
    <input type="button" value="按钮" v-bind:title="Title" v-bind:style="{col
or:Color,width:Width+'px'}">
    <p><a :href="Address">超链接</a></p>
</div>
<!--引入 vue 文件-->
```

```
<script src="https://unpkg.com/vue@next"></script>
<script>
    //创建一个应用程序实例
    const vm= Vue.createApp({
        //该函数返回数据对象
        data(){
          return{
            Title: '这是我自定义的title属性',
            Color: 'blue',
            Width: '100',
            Address:"https://www.baidu.com/"
            }
         }
        //在指定的DOM元素上装载应用程序实例的根组件
    }).mount('#app');
</script>
```

运行程序，按 F12 键打开控制台，并切换到"Elements"选项，可以看到数据已经渲染到了 DOM 中，结果如图 9-3 所示。

图 9-3　v-bind 指令

9.1.3　v-model

v-model 指令用来在表单<input>、<textarea>及<select>元素上创建双向数据绑定，它会根据控件类型自动选取正确的方法来更新元素。v-model 指令负责监听用户的输入事件以及更新数据，并对一些极端场景进行特殊处理。

【例 9.3】v-model 指令（源代码\ch09\9.3.html）。

```
<div id="app">
    <!--使用 v-model 指令双向绑定 input 的值和 test 属性的值-->
    <p><input v-model="content" type="text"></p>
    <!--显示 content 的值-->
    <p>{{content}}</p>
</div>
```

```
<!--引入 vue 文件-->
<script src="https://unpkg.com/vue@next"></script>
<script>
    //创建一个应用程序实例
    const vm= Vue.createApp({
        data(){
            return {
                content: "空调"
            }
        }
    }).mount('#app');
</script>
```

运行程序，在输入框中输入"采购金额为 8866 万元"，在输入框下面的位置显示"采购金额为 8866 万元"，如图 9-4 所示。

图 9-4 v-model 指令

此时，在谷歌浏览器的控制台中输入：

```
vm.content
```

按 Enter 键，可以看到 content 属性的值也变成了"采购金额为 8866 万元"，如图 9-5 所示。还可以在实例中修改 content 属性的值。例如在谷歌浏览器的控制台中输入下面代码：

```
vm.content="采购金额为 1699 万元";
```

然后按 Enter 键，可以发现页面中的内容也发生了变化，如图 9-6 所示。

图 9-5 查看 content 属性的值

图 9-6 修改 content 属性的值

从上面这个示例中可以了解 Vue 的双向数据绑定，关于 v-model 指令的更多使用方法，后面的章节还会详细讲述。

9.1.4 v-on

v-on 指令用于监听 DOM 事件，当触发事件时运行一些 JavaScript 代码。v-on 指令的表达式可以是一般的 JavaScript 代码，也可以是一个方法的名字或者方法调用语句。

在使用 v-on 指令对事件进行绑定时，需要在 v-on 指令后面接上事件名称，例如 click、mousedown、mouseup 等事件。

【例 9.4】v-on 指令（源代码\ch09\9.4.html）。

```
<div id="app">
    <p>
        <!--监听 click 事件，使用 JavaScript 语句-->
        <button v-on:click="number-=10">-10</button>
        <span>{{number}}</span>
        <button v-on:click="number+=10">+10</button>
    </p>
    <p>
        <!--监听 click 事件，绑定方法-->
        <button v-on:click="say()">采购商品</button>
    </p>
</div>
<!--引入 vue 文件-->
<script src="https://unpkg.com/vue@next"></script>
<script>
    //创建一个应用程序实例
    const vm= Vue.createApp({
        //该函数返回数据对象
        data(){
          return{
            number:1000
          }
        },
        methods:{
            say:function(){
                alert("今日采购的商品已经全部准备完毕！")
            }
        }
        //在指定的 DOM 元素上装载应用程序实例的根组件
    }).mount('#app');
</script>
```

运行程序，单击"+10"按钮或"-10"按钮，即可实现数字的递增和递减；单击"采购商品"按钮，触发 click 事件，调用 say()函数，页面效果如图 9-7 所示。

在 Vue 应用中许多事件处理逻辑会很复杂，所以，直接把 JavaScript 代码写在 v-on 指令中是不可行的，此时就可以使用 v-on 接收一个方法，把复杂的逻辑放到这个方法中实现。

图 9-7　v-on 指令

提示：使用 v-on 指令接收的方法名称也可以传递参数，只需要在 methods 中定义方法时说明这个形参，即可在方法中获取到。

9.1.5　v-text

v-text 指令用来更新元素的文本内容。如果只需要更新部分文本内容，则使用插值来完成。

【例 9.5】v-text 指令（源代码\ch09\9.5.html）。

```html
<div id="app">
    <!--更新全部内容-->
    <p v-text="message">采购的商品是:</p>
    <!--更新部分内容-->
    <p>采购的商品是:{{message}}</p>
</div>
<!--引入 vue 文件-->
<script src="https://unpkg.com/vue@next"></script>
<script>
    //创建一个应用程序实例
    const vm= Vue.createApp({
        //该函数返回数据对象
        data(){
          return{
            message: '电视机、洗衣机和空调'
          }
        }
        //在指定的 DOM 元素上装载应用程序实例的根组件
    }).mount('#app');
</script>
```

运行程序，结果如图 9-8 所示。

图 9-8　v-text 指令

9.1.6　v-html

v-html 指令用于更新元素的 innerHTML，其内容按普通 HTML 语法进行解析，不会作为 Vue 模板进行编译。

Mustache 语法（双大括号）会将数据解释为普通文本，而非 HTML 代码。为了输出真正的 HTML 代码，需要使用 v-html 指令。

提示：不能使用 v-html 指令来复合局部模板，因为 Vue 不是基于字符串的模板引擎。反之，对于用户界面（UI），组件更适合作为可重用和可组合的基本单位。

例如想要输出一个 a 标签，首先需要在 data 属性中定义该标签，然后根据需要定义 href 属性值和标签内容，最后使用 v-html 指令将其绑定到对应的元素上。

【例 9.6】输出真正的 HTML 代码（源代码\ch09\9.6.html）。

```
<div id="app">
    <!—简单的文本插值-->
    <h2>{{ website}}</h2>
    <!—输出 HTML 代码-->
    <h2 v-html="website"></h2>
</div>
<!--引入 vue 文件-->
<script src="https://unpkg.com/vue@next"></script>
<script>
    //创建一个应用程序实例
    const vm= Vue.createApp({
        //该函数返回数据对象
        data(){
          return{
            website:'<a href="https://www.baidu.com">百度</a>'
            }
        }
        //在指定的 DOM 元素上装载应用程序实例的根组件
    }).mount('#app');
</script>
```

运行程序，按 F12 键打开控制台，并切换到 "Elements" 选项，可以发现使用 v-html 指令的 <p>标签输出了真正的<a>标签。当单击 "百度" 后，页面将跳转到对应的页面，效果如图 9-9 所示。

图 9-9 输出真正的 HTML 代码

从结果可知，Mustache 语法不能作用在 HTML 特性上，如果需要控制某个元素的属性，可以使用 v-bind 指令。

注意：在网站上动态渲染任意 HTML 代码是非常危险的，因为容易导致 XSS 攻击。只在可信内容上使用 v-html 指令，禁止在用户提交的内容上使用 v-html 指令。

9.1.7 v-once

v-once 指令不需要表达式。v-once 指令只渲染元素和组件一次，随后的渲染，使用了此指令的元素、组件及其所有的子节点都会被当作静态内容并跳过，这可以用于优化更新性能。

例如，在下面示例中，当修改输入框的值时，使用了 v-once 指令的 p 元素不会随之改变，而第二个 p 元素会随着输入框内容的改变而改变。

【例 9.7】v-once 指令（源代码\ch09\9.7.html）。

```html
<div id="app">
    <p v-once>内容不可改变：{{message}}</p>
    <p>内容可以改变：{{message}}</p>
    <p><input type="text" v-model = "message" name=""></p>
</div>
<!--引入 vue 文件-->
<script src="https://unpkg.com/vue@next"></script>
<script>
    //创建一个应用程序实例
    const vm= Vue.createApp({
        //该函数返回数据对象
        data(){
          return{
            message:"洗衣机"
            }
        }
        //在指定的 DOM 元素上装载应用程序实例的根组件
    }).mount('#app');
```

```
</script>
```

运行程序，然后在输入框中输入"洗衣机的库存为 3000 台"，可以看到，添加 v-once 指令的 p 标签并没有任何的变化，效果如图 9-10 所示。

图 9-10　v-once 指令

9.1.8　v-pre

v-pre 指令不需要表达式，用于跳过这个元素和它的子元素的编译过程。可以使用 v-pre 指令来显示原始 Mustache 标签。

【例 9.8】v-pre 指令（源代码\ch09\9.8.html）。

```html
<div id="app">
    <div v-pre>{{message}}</div>
</div>
<!--引入 vue 文件-->
<script src="https://unpkg.com/vue@next"></script>
<script>
    //创建一个应用程序实例
    const vm= Vue.createApp({
        //该函数返回数据对象
        data(){
          return{
            message:"洗衣机的库存为 3000 台。"
            }
        }
        //在指定的 DOM 元素上装载应用程序实例的根组件
    }).mount('#app');
</script>
```

运行程序，结果如图 9-11 所示。

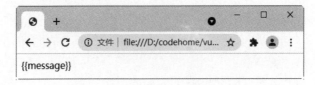

图 9-11　v-pre 指令

9.1.9　v-cloak

v-cloak 指令不需要表达式。指令在 Vue 实例编译结束时，从绑定的 HTML 元素中移除。和 CSS 规则（如[v-cloak]{display:none}）一起用时，这个指令可以隐藏未编译的 Mustache 标签，直到实例准备完毕。

【例 9.9】v-cloak 指令（源代码\ch09\9.9.html）。

```html
<!DOCTYPE html>
<html>
<head>
    <meta charset="UTF-8">
    <title>v-cloak</title>
    <!-- 添加 v-cloak 样式 -->
    <style>
        [v-cloak] {
            display: none;
        }
    </style>
</head>
<body>
<div id="app">
    <p v-cloak>{{message}}</p>
</div>
<!--引入 vue 文件-->
<script src="https://unpkg.com/vue@next"></script>
<script>
    //创建一个应用程序实例
    const vm= Vue.createApp({
        //该函数返回数据对象
        data(){
          return{
             message:"山边幽谷水边村，曾被疏花断客魂。"
             }
          }
        //在指定的 DOM 元素上装载应用程序实例的根组件
    }).mount('#app');
</script>
</body>
</html>
```

运行程序，效果如图 9-12 所示。

图 9-12　v-cloak 指令

9.2 条件指令

Vue 内置指令除了基本指令之外还有条件指令。和 JavaScript 的条件语句一样，Vue 的条件指令可以根据表达式的值在 DOM 中渲染或者销毁元素/组件。常用的条件指令有：v-if、v-else、v-else-if 和 v-for。

9.2.1 v-if

v-if 指令根据表达式的真假来有条件地渲染元素。

【例 9.10】v-if 指令（源代码\ch09\9.10.html）。

```
<div id="app">
    <h3 v-if="ok">冰箱</h3>
    <h3 v-if="no">洗衣机</h3>
    <h3 v-if="num">=1000">库存很充足！</h3>
</div>
<!--引入 vue 文件-->
<script src="https://unpkg.com/vue@next"></script>
<script>
    //创建一个应用程序实例
    const vm= Vue.createApp({
        //该函数返回数据对象
        data(){
          return{
            ok:true,
            no:false,
            num:1000
          }
        }
        //在指定的 DOM 元素上装载应用程序实例的根组件
    }).mount('#app');
</script>
```

运行程序，按 F12 键打开控制台，并切换到 "Elements" 选项，结果如图 9-13 所示。

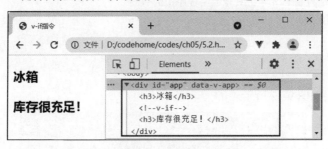

图 9-13 v-if 指令

在上面示例中，使用 v-if="no"的元素并没有被渲染，使用 v-if="ok"的元素被正常渲染了。也就是说，当表达式的值为 false 时，v-if 指令不会创建该元素，只有当表达式的值为 true 时，v-if 指令才会真正创建该元素。这与 v-show 指令不同，v-show 指令不管表达式的值是真还是假，都会创建元素，元素显示与否是通过 CSS 的样式属性 display 来控制的。

一般来说，v-if 指令有更高的切换开销，而 v-show 指令有更高的初始渲染开销。因此，如果需要非常频繁地切换，则使用 v-show 指令较好；如果在运行时很少改变条件，则使用 v-if 指令较好。

9.2.2 v-else-if 和 v-else

v-else-if 指令与 v-if 指令一起使用，与 JavaScript 中的 if…else if 类似。

下面示例使用 v-else-if、v-else 和 v-if 指令来模拟销售奖金的发放过程。

【例 9.11】v-else-if、v-else 与 v-if 指令（源代码\ch09\9.11.html）。

```html
<div id="app">
    <span v-if="sales>1000000">本季度的奖金为 5 万元！</span>
    <span v-else-if="sales >300000">本季度的奖金为 3 万元！</span>
    <span v-else-if="sales >100000">本季度的奖金为 1 万元！</span>
    <span v-else> 本季度没有奖金！</span>
</div>
<!--引入 vue 文件-->
<script src="https://unpkg.com/vue@next"></script>
<script>
    //创建一个应用程序实例
    const vm= Vue.createApp({
        //该函数返回数据对象
        data(){
          return{
            sales:280000
          }
        }
        //在指定的 DOM 元素上装载应用程序实例的根组件
    }).mount('#app');
</script>
```

运行程序，按 F12 键打开控制台，并切换到"Elements"选项，结果如图 9-14 所示。

图 9-14 v-else-if、v-else 与 v-if 指令

在上面示例中，当满足其中一个条件后，程序就不会再往下执行。

9.2.3 v-for

使用 v-for 指令可以对数组、对象进行循环，来获取到其中的每一个值。

1. v-for 遍历数组

使用 v-for 指令，必须使用特定语法 item in items，其中 items 是源数据数组，而 item 则是被迭代的数组元素的别名，具体格式如下：

```
<div v-for="item in items">
    {{item}}
</div>
```

下面看一个示例，使用 v-for 指令遍历一个数组。

【例 9.12】v-for 指令遍历数组（源代码\ch09\9.12.html）。

```
<div id="app">
    <ul>
        <li v-for="item in nameList">
            姓名：{{item.name}}--{{item.score}}分--{{item.ranking}}
        </li>
    </ul>
</div>
<!--引入 vue 文件-->
<script src="https://unpkg.com/vue@next"></script>
<script>
    //创建一个应用程序实例
    const vm= Vue.createApp({
        //该函数返回数据对象
        data(){
          return{
                nameList:[
                    {name:'章小明',score:'368',ranking:'第二名'},
                    {name:'华少峰',score:'398',ranking:'第一名'},
                    {name:'云栖',score:'319',ranking:'第三名'}
                ]
            }
        }
        //在指定的 DOM 元素上装载应用程序实例的根组件
    }).mount('#app');
</script>
```

运行程序，按 F12 键打开控制台，并切换到"Elements"选项，结果如图 9-15 所示。

图 9-15 v-for 指令遍历数组

提示：v-for 指令的语法结构也可以使用 of 替代 in 作为分隔符，例如：

```
<li v-for="item of nameList">
```

在 v-for 指令中，可以访问所有父作用域的属性。v-for 指令还支持一个可选的第二个参数，即当前项的索引。例如，修改【例 9.12】上面示例，添加 index 参数，代码如下：

```
<ul>
    <li v-for="(item,index) in nameList">
        {{index}}---姓名：{{item.name}}--{{item.score}}分--{{item.ranking}}
    </li>
</ul>
```

运行程序，结果如图 9-16 所示。

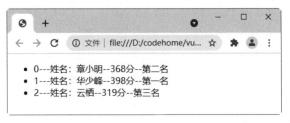

图 9-16 v-for 指令支持可选的第二个参数

2. v-for 遍历对象

遍历对象的语法和遍历数组的语法是一样的：

```
value in object
```

其中 object 是被迭代的对象，value 是被迭代的对象属性的别名。

【例 9.13】v-for 指令遍历对象（源代码\ch09\9.13.html）。

```
<div id="app">
    <ul>
        <li v-for="item in nameObj">
            {{item}}
        </li>
    </ul>
</div>
<!--引入 vue 文件-->
<script src="https://unpkg.com/vue@next"></script>
<script>
    //创建一个应用程序实例
    const vm= Vue.createApp({
        //该函数返回数据对象
        data(){
          return{
            nameObj:{
                name:"苹果",
                city:"烟台",
                price:"8.88 元每公斤"
            }
          }
        }
        //在指定的 DOM 元素上装载应用程序实例的根组件
    }).mount('#app');
</script>
```

运行程序，结果如图 9-17 所示。

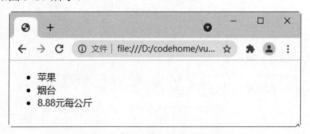

图 9-17　v-for 指令遍历对象

还可以添加第二个参数，用来获取键值；添加第三个参数，获取选项的索引。比如，修改【例 9.13】，添加 index 参数和 key 参数，代码如下：

```
<li v-for="(item,key,index) in nameObj">
    {{index}}--{{key}}--{{item}}
</li>
```

运行程序，结果如图 9-18 所示。

图 9-18　添加第二、第三个参数

3. v-for 遍历整数

也可以使用 v-for 指令遍历整数。

【例 9.14】v-for 指令遍历整数（源代码\ch09\9.14.html）。

```
<div id="app">
    <span v-for="item in 16">
        {{item}}
    </span>
</div>
<!--引入 vue 文件-->
<script src="https://unpkg.com/vue@next"></script>
<script>
    //创建一个应用程序实例
    const vm= Vue.createApp({
    }).mount('#app');
</script>
```

运行程序，结果如图 9-19 所示。

图 9-19　v-for 指令遍历整数

4. 在<template>上使用 v-for

类似于 v-if 指令，也可以利用带有 v-for 指令的<template>来循环渲染一段包含多个元素的内容。

【例 9.15】在<template>上使用 v-for 指令（源代码\ch09\9.15.html）。

```
<div id="app">
    <ul>
        <template  v-for="(item,key,index) in nameObj">
            <li>{{index}}--{{key}}--{{item}}</li>
        </template>
    </ul>
</div>
```

```
<!--引入 vue 文件-->
<script src="https://unpkg.com/vue@next"></script>
<script>
    //创建一个应用程序实例
    const vm= Vue.createApp({
        data(){
          return{
            nameObj:{
                name:"葡萄",
                city:"吐鲁番",
                price:"2.88元每公斤"
              }
            }
          }
    }).mount('#app');
</script>
```

运行程序，按 F12 键打开控制台，并切换到"Elements"选项，结果如图 9-20 所示，在图中并没有看到<template>元素。

图 9-20　在<template>上使用 v-for 指令

提示：<template>元素一般常和 v-for、v-if 结合使用，这样会避免整个 HTML 结构的臃肿，结构会更加清晰。

5. 数组更新检测

Vue 将被监听的数组的变异方法进行了包裹，它们也会触发视图更新。被包裹过的方法包括 push()、pop()、shift()、unshift()、splice()、sort()和 reverse()。

【例 9.16】数组更新检测（源代码\ch09\9.16.html）。

```
<div id="app">
    <ul>
        <li v-for="(item,index) in nameList">
            {{index}}--{{item}}
        </li>
    </ul>
</div>
<!--引入 vue 文件-->
<script src="https://unpkg.com/vue@next"></script>
<script>
    //创建一个应用程序实例
    const vm= Vue.createApp({
        data(){
          return{
            nameList:["樊建章","博士学位","工资28000元"]
          }
        }
    }).mount('#app');
</script>
```

运行程序，结果如图 9-21 所示。按 F12 键打开控制台，并切换到 "Console" 选项，在选项中输入 "vm.nameList.push("工作年限 3 年")"，按 Enter 键，数据将添加到 nameList 数组中，在页面中也显示出添加的内容，如图 9-22 所示。

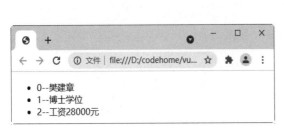

图 9-21　初始化效果　　　　　　　　图 9-22　修改数据对象中的数组属性

还有一些非变异方法，例如 filter()、concat()和 slice()。它们不会改变原始数组，而总是返回一个新数组。当使用非变异方法时，可以用新数组替换旧数组。

继续在浏览器控制台输入 "vm.nameList=vm.nameList.concat(["职位总经理","年龄 34 岁"])"，把变更后的数组再赋值给 Vue 实例的 nameList，按 Enter 键，可以发现页面发生了变化，如图 9-23 所示。

图 9-23　使用新数组替换原始数组

有读者可能会认为，这将导致 Vue 丢弃现有 DOM 并重新渲染整个列表。事实并非如此。Vue 为了使 DOM 元素得到最大范围的重用，实现了一些智能的启发式方法，所以用一个含有相同元素的新数组去替换原来的数组是非常高效的操作。

在 Vue.js 3.x 版本中，可以利用索引直接设置一个数组项，例如修改【例 9.16】的部分代码如下：

```html
<script>
    //创建一个应用程序实例
    const vm= Vue.createApp({
       data(){
         return{
           nameList: ["樊建章","博士学位","工资 28000 元"]
          }
        }
     }).mount('#app');
    //通过索引向数组 nameList 添加"工作年限 3 年"
    vm.nameList[3]=" 工作年限 3 年";
</script>
```

运行程序，结果如图 9-24 所示，从图中可以发现，要添加的内容已经添加到数组中了。

图 9-24　通过索引向数组添加元素

另外，还可以采用以下方法：

```
//使用数组原型的 splice()方法
vm.nameList.splice(0,0,"员工介绍");
```

修改上面示例：

```
<script>
```

```
    //创建一个应用程序实例
    const vm= Vue.createApp({
        data(){
          return{
            nameList: ["樊建章","博士学位","工资 28000 元"]
          }
        }
    }).mount('#app');
//使用数组原型的 splice()方法
vm.nameList.splice(0,0,"员工介绍");
</script>
```

运行程序，结果如图 9-25 所示，可以发现要添加的内容已经在页面上显示出来了。

图 9-25　使用数组原型的 splice()方法

6. key 属性

当 Vue 更新使用 v-for 渲染的元素列表时，它默认使用"就地更新"的策略。如果数据项的顺序被改变，Vue 将不会移动 DOM 元素来匹配数据项的顺序，而是就地更新每个元素，并且确保它们在每个索引位置被正确渲染。

为了给 Vue 一个提示，以便它能跟踪每个节点的身份，从而重用和重新排序现有元素，需要为每项提供一个唯一 key 属性。

下面我们先来看一个不使用 key 属性的示例。

在示例中，定义一个 nameList 数组对象，使用 v-for 指令渲染到页面，同时添加三个输入框和一个添加的按钮，可以通过按钮向数组对象中添加内容。在实例中定义一个 add 方法，在方法中使用 unshift()函数在数组的开头添加元素。

【例 9.17】不使用 key 属性（源代码\ch09\9.17.html）。

```
<div id="app">
    <div>名称:<input type="text" v-model="names"></div>
    <div>产地:<input type="text" v-model="citys"></div>
    <div>价格:<input type="text" v-model="prices"><button v-on:click="add()">
添加</button></div>
    <hr>
    <p v-for="item in nameList">
    <input type="checkbox">
    <span>名称:{{item.name}}—产地:{{item.city}}—价格:{{item.price}}</span>
</p>

</div>
```

```html
<!--引入 vue 文件-->
<script src="https://unpkg.com/vue@next"></script>
<script>
    //创建一个应用程序实例
    const vm= Vue.createApp({
        data(){
          return{
            names:"",
            citys:"",
            prices:"",
            nameList:[
                {name:'洗衣机',city:'北京',price:'6800 元'},
                {name:'冰箱',city:'上海',price:'8900 元'},
                {name:'空调',city:'广州',price:'6800 元'}
            ]
          }
        },
        methods:{
            add:function(){
                this.nameList.unshift({
                    name:this.names,
                    city:this.citys,
                    price:this.prices
                })
            }
        }
    }).mount('#app');
</script>
```

运行程序,选中列表中的第一个选项,如图 9-26 所示。然后在输入框中输入新的内容,单击"添加"按钮后,在数组开头添加一组新数据,页面中也相应地显示出来,如图 9-27 所示。

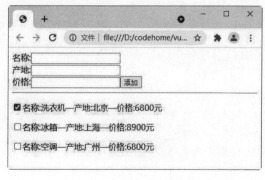

图 9-26　选中列表中的第一个选项

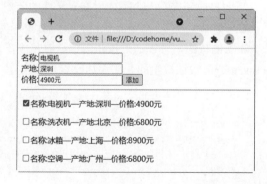

图 9-27　不使用 key 属性的效果

从上面结果可以发现,刚才选择的"洗衣机"变成了新添加的"电视机"。很显然这不是我们想要的结果。

产生这种效果的原因:v-for 指令的"就地更新"策略只记住了数组勾选选项的索引 0,当往数组中添加内容时,虽然数组长度增加了,但是指令只记得刚开始选择的数组下标 0,于是就选择了新数组中下标为 0 的选项。

接下来我们修改【例 9.17】，在 v-for 指令的后面添加 key 属性，以便它能跟踪每个节点的身份，从而重用和重新排序现有元素，代码如下（注意代码中加粗部分）：

```
<p v-for="item in nameList" v-bind:key="item.name">
```

此时再重复上面的操作，可以发现已经实现了想要的结果，如图 9-28 所示。

图 9-28　使用 key 属性的效果

7. 过滤与排序

在实际开发中，可能一个数组需要在很多地方被使用，有的地方是过滤后的数据，有的地方是重新排列的数组。这种情况下，可以使用计算属性或者方法来返回过滤或排序后的数组。

【例 9.18】过滤与排序（源代码\ch09\9.18.html）。

```
<div id="app">
    <p>所有库存的商品：</p>
    <ul>
        <li v-for="item in nameList">
            {{item}}
        </li>
    </ul>
    <p>产地为上海的商品：</p>
    <ul>
        <li v-for="item in namelists">
            {{item}}
        </li>
    </ul>
    <p>价格大于或等于 5000 元的商品：</p>
    <ul>
        <li v-for="item in prices()">
            {{item}}
        </li>
    </ul>
</div>
<!--引入 vue 文件-->
<script src="https://unpkg.com/vue@next"></script>
<script>
    //创建一个应用程序实例
    const vm= Vue.createApp({
```

```
        data(){
          return{
            nameList:[
              {name:"洗衣机",price:"5000",city:"上海"},
              {name:"冰箱",price:"6800",city:"北京"},
              {name:"空调",price:"4600",city:"深圳"},
              {name:"电视机",price:"4900",city:"上海"}
            ]
          }
        },
        computed:{   //计算属性
          namelists:function(){
            return this.nameList.filter(function (nameList) {
              return nameList.city==="上海";
            })
          }
        },
        methods:{   //方法
          prices:function(){
            return this.nameList.filter(function(nameList){
              return nameList.price>=5000;
            })
          }
        }
    })).mount('#app');
</script>
```

运行程序，结果如图 9-29 所示。

图 9-29　过滤与排序

8. v-for 与 v-if 一同使用

v-for 与 v-if 一同使用，当它们处于同一节点上时，v-for 的优先级比 v-if 更高，这意味着 v-if 将分别重复运行于每个 v-for 循环中。当只想渲染部分列表选项时，可以使用这种组合方式。

例如下面示例，循环输出商品的出库情况。

【例 9.19】v-for 与 v-if 一同使用（源代码\ch09\9.19.html）。

```
<div id="app">
        <h3>已经出库的商品</h3>
        <ul>
            <template v-for="goods in goodss">
                <li v-if="goods.isOut">
                    {{goods.name}}
                </li>
            </template>
        </ul>
        <h3>没有出库的商品</h3>
        <ul>
            <template v-for="goods in goodss">
                <li v-if="!goods.isOut">
                    {{goods.name}}
                </li>
            </template>
        </ul>
</div>
<!--引入 vue 文件-->
<script src="https://unpkg.com/vue@next"></script>
<script>
    //创建一个应用程序实例
    const vm= Vue.createApp({
        data() {
            return {
                goodss: [
                    {name: '洗衣机', isOut: false},
                    {name: '冰箱', isOut: true},
                    {name: '空调', isOut: false},
                    {name: '电视机', isOut: true},
                    {name: '电风扇', isOut: true},
                    {name: '电脑', isOut: false}
                ]
            }
        }
    }).mount('#app');
</script>
```

运行程序，结果如图 9-30 所示。

图 9-30　v-for 与 v-if 一同使用

9.3 指令缩写

"v-"前缀作为一种视觉提示，用来识别模板中 Vue 特定的特性。在使用 Vue.js 为现有标签添加动态行时，"v-"前缀很有帮助。然而，对于一些频繁用到的指令来说，就会感到十分烦琐。同时，在构建由 Vue 管理所有模板的单页面应用程序时，"v-"前缀也变得没那么重要了。因此，Vue 为 v-bind 和 v-on 这两个最常用的指令提供了特定简写，说明如下。

1. v-bind 缩写

```
<!-- 完整语法 -->
<a v-bind:href="url">...</a>
<!-- 缩写 -->
<a :href="url">...</a>
```

2. v-on 缩写

```
<!-- 完整语法 -->
<a v-on:click="doSomething">...</a>
<!-- 缩写 -->
<a @click="doSomething">...</a>
```

它们看起来可能与普通的 HTML 代码略有不同，但":""@"和"#"对于特性名来说都是合法字符，在所有支持 Vue 的浏览器中都能被正确地解析；而且，它们不会出现在最终被渲染的标签中。

9.4 自定义指令

自定义指令是用来操作 DOM 的。尽管 Vue 是数据驱动视图的理念，但并非所有情况都适合数据驱动。自定义指令就是一种有效的补充和扩展，不仅可用于定义任何的 DOM 操作，而且是可复用的。在 Vue 中，除了核心功能默认内置的指令，Vue 也允许注册自定义指令。在有些情况下，对普通 DOM 元素进行底层操作就会用到自定义指令。

9.4.1 注册自定义指令

自定义指令的注册方法和组件很像，也分全局注册和局部注册。例如注册一个 v-focus 的指令，用于在＜input＞、＜textarea＞元素初始化时自动获得焦点，两种写法分别是：

```
//全局注册
const app = Vue.createApp({});
app.directive('focus',{
    //指令选项
});
//局部注册
const app = Vue.createApp({
```

```
directives:{
    focus:{
        //指令选项
    }
}
})).mount('#app');
```

然后就可以在模板中的任何元素上使用新的 v-focus 指令，例如：

```
<input v-focus>
```

9.4.2　钩子函数

自定义指令可以在 directives 选项中实现。directives 选项中提供了以下钩子函数，这些钩子函数是可选的。

- bind: 只调用一次，在指令第一次被绑定到元素时调用，用这个钩子函数可以定义一个在绑定时执行一次的初始化动作。
- update: 在被绑定元素所在的模板更新时调用，而不论绑定值是否变化。通过比较更新前后的绑定值，可以忽略不必要的模板更新。
- inserted: 在被绑定元素插入父节点时调用。父节点存在即可调用，不必存在于 document 中。
- componentUpdated: 在被绑定元素所在模板完成一次更新周期时调用。
- unbind: 只调用一次，在指令与元素解绑时调用。

可以根据需求在不同的钩子函数内完成逻辑代码，例如，前面的 v-focus，希望在元素插入父节点时就调用，最好是使用 inserted 选项。

【例 9.20】自定义 v-focus 指令（源代码\ch09\9.20.html）。

```
<div id="app">
    <input v-focus>
</div>
<!--引入 vue 文件-->
<script src="https://unpkg.com/vue@next"></script>
<script>
    //创建一个应用程序实例
    const vm= Vue.createApp({  });
    //注册一个全局自定义指令 v-focus
    vm.directive('focus', {
        //当被绑定的元素插入到 DOM 中时
        inserted: function (el) {
            //聚焦元素
            el.focus()
        }
    })
    vm.mount('#app');
</script>
```

运行程序，可以看到，在页面加载完成时，输入框自动获取焦点，结果如图 9-31 所示。

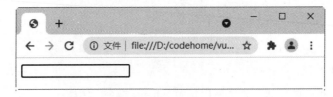

图 9-31 自定义 v-focus 指令

每个钩子函数都有几个参数可用，例如 el、binding、vnode、oldVnode，它们的含义如下：

- el: 指令所绑定的元素，可以直接操作 DOM。
- binding: 一个对象，包含以下属性：
  - name: 指令名，不包括 "v-" 前缀。
  - value: 指令的绑定值。例如 v-my-directive = "1+1"，value 的值是 2。
  - oldValue: 指令绑定的前一个值，仅在 update 和 componentUpdated 钩子中可用。无论值是否改变都可用。
  - expression: 绑定值的字符串形式。例如 v-my-directive="1+1"，expression 的值是 "1 +1"。
  - arg: 传给指令的参数。例如 v-my-directive:foo，arg 的值是 foo。
  - modifiers: 一个包含修饰符的对象。例如 v-my-directive.foo.bar，修饰符对象 modifiers 的值是 {foo: true,bar:true}。
- vnode: Vue 编译生成的虚拟节点。
- oldVnode: 上一个虚拟节点，仅在 update 和 componentUpdated 钩子中可用。

注意：除了 el 之外，其他参数都应该是只读的，切勿进行修改。如果需要在钩子之间共享数据，则建议通过元素的 dataset 来进行。

下面示例自定义一个指令，在其钩子函数中输入各个参数。

【例 9.21】bind 钩子函数的参数（源代码\ch09\9.21.html）。

```html
<div id="app">
    <div v-demo:foo.a.b="message"></div>
</div>
<!--引入 vue 文件-->
<script src="https://unpkg.com/vue@next"></script>
<script>
    //创建一个应用程序实例
    const vm= Vue.createApp({
    //该函数返回数据对象
        data(){
            return{
                message: '定定住天涯，依依向物华。'
            }
        }
    })
```

```
    //注册一个全局自定义指令 demo
  vm.directive('demo',{
    mounted (el, binding, vnode) {
        let s = JSON.stringify
        el.innerHTML =
  'instance: '   + s(binding.instance) + '<br>' +
  'value: '      + s(binding.value) + '<br>' +
  'argument: '   + s(binding.arg) + '<br>' +
  'modifiers: '  + s(binding.modifiers) + '<br>' +
  'vnode keys: ' + Object.keys(vnode).join(', ')
    }
  })
  vm.mount('#app');
</script>
```

运行程序，由于将 bind 钩子函数的参数信息赋值给了\<div\>元素的 innerHTML 属性，所以将会在页面中显示 bind 钩子函数的参数信息，结果如图 9-32 所示。

图 9-32　bind 钩子函数的参数信息

9.4.3　动态指令参数

自定义的指令可以使用动态参数。例如 v-pin:[direction]= "value"中，direction 参数可以根据组件实例数据进行更新，从而更加灵活地使用自定义指令。

下面例子通过自定义指令来实现一个功能：让某个元素固定在页面中的某个位置，在出现滚动条时，元素也不会随着滚动条的滚动而滚动。

【例 9.22】动态指令参数（源代码\ch09\9.22.html）。

```
<div id="app">
   <!--直接给出指令的参数-->
   <p v-pin:top="100">兔园标物序，惊时最是梅。</p>
   <!--使用动态参数-->
   <p v-pin:[direction]="100">衔霜当路发，映雪拟寒开。</p>
</div>
<!--引入 vue 文件-->
<script src="https://unpkg.com/vue@next"></script>
<script>
    //创建一个应用程序实例
```

```
        const vm= Vue.createApp({
         //该函数返回数据对象
            data(){
                return{
                    direction: 'left'
                }
            }
        })
        //注册一个全局自定义指令 `pin`
    vm.directive('pin', {
        beforeMount(el, binding, vnode) {
            el.style.position = 'fixed';
            let s = binding.arg || 'left';
            el.style[s] = binding.value + 'px'
        }
    })
    vm.mount('#app');
</script>
```

运行程序，结果如图 9-33 所示。

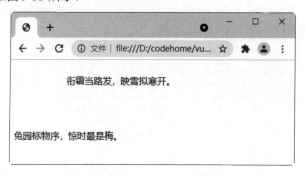

图 9-33　动态指令参数

9.5　项目实战——通过指令实现随机背景色效果

如果网站加载图片比较缓慢，用户体验就会很差。在图片未完成加载前，可以在该元素的区域用随机背景色占位，等待图片加载完成渲染出来。

为了能看到演示效果，可以在图片加载前弹出一个消息提示框，然后再完成图片的加载。

【例 9.23】实现随机背景色效果（源代码\ch09\9.23.html）。

```
<!DOCTYPE html>
<html>
<head>
<meta charset="UTF-8">
<style>
    div{
        width: 500px;
        height: 400px;
```

```
    }
</style>
</head>
<body>
    <div id="app">
        <!--使用自定义的v-img指令-->
        <div v-img="'images/b1.jpg'"></div>
    </div>
<script src="https://unpkg.com/vue@next"></script>
<script>
    const app = Vue.createApp({});
    //自定义的v-img指令
    app.directive('img', {
        //当前组件插入到父节点时调用
        mounted: function(el, binding){
            //随机设置其相关的背景颜色
            let color = Math.floor(Math.random() * 1000000);
            el.style.backgroundColor = '#' + color;
            //获取相关的背景图片
            let img = new Image();
            img.src = binding.value;
            img.onload = function(){
                alert("随机背景色");
                el.style.backgroundImage = 'url(' + binding.value + ')';
            }
        }
    })
    app.mount('#app');
</script>
</body>
</html>
```

运行程序，此时会显示随机背景色，结果如图 9-34 所示。单击"确定"按钮，加载图片，图片加载完成后的效果如图 9-35 所示。

图 9-34　显示随机背景色

图 9-35　图片加载完成后的效果

第10章

计算属性

在 Vue 的模板中，使用插值表达式是非常方便的，但如果表达式的逻辑过于复杂，模板就会变得非常复杂且难以维护。插值表达式的设计初衷是用于简单运算，不应该对差值做过多的操作。所以遇到这样的问题时，就应该使用计算属性。

10.1　计算属性的定义

通常用户会在模板中定义表达式，非常便利。但是，如果在模板中放入太多的逻辑，就会让模板变得臃肿且难以维护。例如：

```
<div id="app">
    {{message.split('').reverse().join('')}}
</div>
```

上面插值语法中的表达式调用了 3 个方法来实现字符串的反转，逻辑过于复杂。如果在模板中还要多次使用此处的表达式，就更加难以维护了，此时就应该使用计算属性。

计算属性比较适合对多个变量或者对象进行处理后返回一个结果值的情况，也就是说如果多个变量中的某一个值发生了变化，则绑定的计算属性也会发生变化。

计算属性在 Vue 的 computed 选项中定义，它可以在模板上进行双向数据绑定展示结果或者用作其他处理。

下面是一个完整的字符串反转的示例，定义了一个 reversedMessage 计算属性，在 input 输入框中输入字符串时，绑定的 message 属性值发生变化，触发 reversedMessage 计算属性，执行对应的函数，使字符串反转。

【例 10.1】使用计算属性（源代码\ch10\10.1.html）。

```
<div id="app">
    原始字符串：<input type="text" v-model="message"><br/>
```

```
        反转后的字符串：{{reversedMessage}}
    </div>
    <script>
        //创建一个应用程序实例
        const vm= Vue.createApp({
            //该函数返回数据对象
            data(){
              return{
                message: '落日无情最有情'
              }
            },
            computed: {
                //计算属性的 getter
                reversedMessage(){
                    return this.message.split('').reverse().join('');
                }
            }
            //在指定的 DOM 元素上装载应用程序实例的根组件
        }).mount('#app');
    </script>
```

运行程序，输入框下面会显示对象的反转内容，效果如图 10-1 所示。

在本示例中，当 message 属性的值改变时，reversedMessage 的值也会自动更新，并且会自动同步更新 DOM 部分。在谷歌浏览器的控制台中修改 message 的值，按 Enter 键执行代码，可以发现 reversedMessage 的值也发生了改变，如图 10-2 所示。

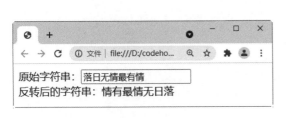

图 10-1　字符串翻转效果

图 10-2　修改 message 的值

10.2　计算属性的 getter 和 setter 方法

计算属性中的每一个属性对应的都是一个对象，对象中包括了 getter 和 setter 方法，分别用来获取计算属性和设置计算属性。默认情况下只有 getter 方法，在这种情况下可以简写，例如：

```
computed: {
    fullNname:function(){
        //
    }
}
```

默认情况下是不能直接修改计算属性的，如果需要修改计算属性，就需要提供一个 setter 方法。例如：

```
computed:{
    fullNname:{
        //get 方法
        get:function(){
            //
        }
        //set 方法
        set:function(newValue){
            //
        }
    }
}
```

提示：通常情况下，getter()方法需要使用 return 返回内容，而 setter()方法则不需要，它用来改变计算属性的内容。

【例 10.2】getter 和 setter 方法（源代码\ch10\10.2.html）。

```
<div id="app">
    <p>考生姓名：{{name}}</p>
    <p>考试分数：{{score}}</p>
    <p>考生名次：{{ranking }}</p>
    <p>考生考试信息：{{nameSR}}</p>
</div>
<script>
    //创建一个应用程序实例
    const vm= Vue.createApp({
        //该函数返回数据对象
        data(){
          return{
            name:"张三丰",
            score:"368 分",
            ranking:"第 8 名"
          }
        },
        computed:{
          nameSR:{
            //getter 方法，显示时调用
            get:function(){
                //拼接 name、score 和 ranking
                return this.name+"**"+this.score+"**"+this.ranking;
            },
            //setter 方法，在设置 namePrice 时调用，其中参数用来接收新设置的值
            set:function(newName){
                var names=newName.split(' ');   //以空格拆分字符串
                this.name=names[0];
                this.score =names[1];
                this.ranking =names[2];
```

```
                }
              }
            }
        //在指定的 DOM 元素上装载应用程序实例的根组件
        }).mount('#app');
</script>
```

运行程序，效果如图 10-3 所示。在浏览器的控制台中设置计算属性 nameSR 的值为 "李莉　390 分　第 6 名"，按 Enter 键，可以发现计算属性的内容变成了 "李莉　390 分　第 6 名"，效果如图 10-4 所示。

图 10-3　运行效果 　　　　　　　　　　　　　　图 10-4　修改后效果

10.3　计算属性的缓存

计算属性是基于它们的依赖项进行缓存的。计算属性只有在它的相关依赖项发生改变时才会重新求值。

计算属性的写法和方法很相似，也完全可以在 methods 中定义一个方法来实现相同的功能。

其实，计算属性的本质就是一个方法，只不过，在使用计算属性的时候，把计算属性的名称直接作为属性来使用，并不会把计算属性作为一个方法去调用。

为什么还要去使用计算属性，而不是去定义一个方法呢？计算属性是基于它们的依赖项进行缓存的，即只有在相关依赖项发生改变时，它们才会重新求值。例如，在【例 10.1】中，只要 message 没有发生改变，每次访问 reversedMessage 计算属性，会立即返回之前的计算结果，而不必再次执行函数。

反之，如果使用方法的形式实现计算，当使用到 reversedMessage 方法时，无论 message 属性是否发生改变，方法都会重新执行一次，这无形中增加了系统的开销。

在某些情况下，计算属性和方法可以实现相同的功能，但有一个重要的不同点：在调用 methods 中的一个方法时，所有方法都会被调用。

下面的示例定义了 2 个方法 add1 和 add2，分别打印 "number+a" 和 "number+b"，当调用其中的 add1 方法时，add2 方法也将被调用。

【例 10.3】方法调用方式（源代码\ch10\10.3.html）。

```
<div id="app">
```

```
        <button v-on:click="a++">a+1</button>
        <button v-on:click="b++">b+1</button>
        <p>number+a={{add1()}}</p>
        <p>number+b={{add2()}}</p>
    </div>
    <script>
        //创建一个应用程序实例
        const vm= Vue.createApp({
            //该函数返回数据对象
            data(){
              return{
                a:0,
                b:0,
                number:100
                }
            },
            methods: {
                add1:function(){
                    console.log("add1");
                    return this.a+this.number;
                },
                add2:function(){
                    console.log("add2");
                    return this.b+this.number;
                }
            }
            //在指定的 DOM 元素上装载应用程序实例的根组件
        }).mount('#app');
    </script>
```

运行程序，打开控制台，每单击一次"a+1"按钮，控制台就调用一次 add1()和 add2()方法，如图 10-5 所示。

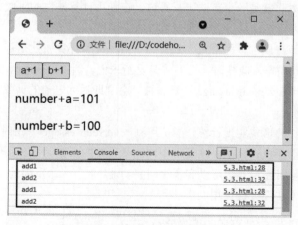

图 10-5　方法的调用效果

使用计算属性则不同，计算属性相当于优化了的方法，在使用时只会使用对应的计算属性。例如修改【例 10.3】，把 methods 换成 computed，并把 HTML 代码中的调用 add1 和 add2 方法的括号去掉。

注意：调用计算属性不能使用括号，例如 add1、add2；调用方法需要加上括号，例如 add1()、add2()。

【例 10.4】计算属性调用方式（源代码\ch10\10.4.html）。

```
<div id="app">
    <button v-on:click="a++">a+1</button>
    <button v-on:click="b++">b+1</button>
    <p>number+a={{add1}}</p>
    <p>number+b={{add2}}</p>
</div>
<script>
    //创建一个应用程序实例
    const vm= Vue.createApp({
        //该函数返回数据对象
        data(){
          return{
            a:0,
            b:0,
            number:100
          }
        },
        computed: {
            add1:function(){
                console.log("number+a");
                return this.a+this.number
            },
            add2:function(){
                console.log("number+b")
                return this.b+this.number
            }
        }
    //在指定的 DOM 元素上装载应用程序实例的根组件
    }).mount('#app');
</script>
```

运行程序，打开控制台，在页面中多次单击"a+1"按钮，控制台只打印了"number+a"，如图 10-6 所示。

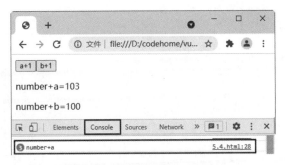

图 10-6　计算属性的调用效果

计算属性相比较于方法来说更加优化，但并不是什么情况下都可以使用计算属性，在触发事件时还是要使用对应的方法。计算属性一般在数据量比较大、比较耗时的情况下使用（例如搜索），只有在虚拟 DOM 与真实 DOM 不同的情况下，才会执行 computed。如果你的业务实现不需要有缓存，name 可以使用方法来代替。

10.4　计算属性代替 v-for 和 v-if

在业务逻辑处理中，会使用 v-for 指令渲染列表的内容，有时候也会使用 v-if 指令的条件判断，以过滤列表中不满足条件的列表项。实际上，这个功能也可以使用计算属性来完成。

【例 10.5】使用计算属性代替 v-for 和 v-if（源代码\ch10\10.5.html）。

```
<div id="app">
    <h3>1.需要采购的水果</h3>
    <ul>
        <li v-for="fruit in inFruit">
                {{fruit.name}}
        </li>
    </ul>
    <h3>2.不需要采购的水果</h3>
    <ul>
        <li v-for="fruit in noFruit">
                {{fruit.name}}
        </li>
    </ul>
</div>
<script>
    //创建一个应用程序实例
    const vm= Vue.createApp({
        //该函数返回数据对象
        data(){
          return{
            fruits: [
              {name: '葡萄', purchase: false},
              {name: '香蕉', purchase: true},
              {name: '橘子', purchase: false},
              {name: '苹果', purchase: true},
              {name: '梨子', purchase: true},
              {name: '柚子', purchase: false}
            ]
          }
        },
        computed:{
          inFruit(){
              return this.fruits.filter(fruit=>fruit.purchase);
          },
          noFruit(){
```

```
                return this.fruits.filter(fruit=>!fruit.purchase);
            }
        }
        //在指定的 DOM 元素上装载应用程序实例的根组件
    }).mount('#app');
</script>
```

运行程序，结果如图 10-7 所示。

图 10-7　使用计算属性代替 v-for 和 v-if

从本示例可以发现，计算属性可以代替 v-for 和 v-if 组合的功能。在处理业务时推荐使用计算属性，因为即使由于 v-if 指令的使用而只渲染了一部分元素，但在每次重新渲染的时候，仍然要遍历整个列表，而不论渲染的元素内容是否发生了改变。

采用计算属性过滤后再遍历，有如下好处：

（1）过滤后的列表只会在 fruits 数组发生相关变化时，才被重新计算，过滤更高效。

（2）使用<li v-for="fruit in inFruit">之后，在渲染的时候只遍历需要采购的水果，渲染更高效。

10.5　项目实战——使用计算属性设计计算器

在网站开发中经常会用到计算器，这里以简单的加法计算器为例进行讲解——使用计算属性来设计简单的加法计算器。

【例 10.6】使用计算属性设计加法计算器（源代码\ch10\10.6.html）。

```
<div id="app">
    <input type="number" v-model="n1">+
    <input type="number" v-model="n2"> =
    <button>{{ sum }}</button>
</div>
<script>
    //创建一个应用程序实例
    const vm= Vue.createApp({
        data(){          //该函数返回数据对象
```

```
            return{
                n1: '',
                n2: '',
            }
        },
        computed: {
            sum(){
                //n1 和 n2 中有值，&&表示和
                if (this.n1 && this.n2){
                    return +this.n1 + +this.n2;      //在数字字符串前加+变为数字
                }
                return '计算'
            }
        },
        //在指定的 DOM 元素上装载应用程序实例的根组件
    }).mount('#app');
</script>
```

运行程序，结果如图 10-8 所示。

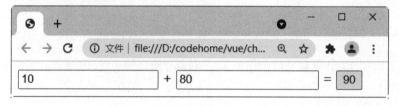

图 10-8　使用计算属性设计加法计算器

第11章

绑定 v-bind 与 class 或 style

在 Vue 中，操作元素的 class 列表和内联样式是数据绑定的一个常见需求。因为它们都是属性，所以可以用 v-bind 处理：只需通过表达式计算出字符串结果即可。不过，字符串拼接麻烦且易错，因此，在将 v-bind 用于 class 和 style 时，Vue.js 做了专门的增强，即表达式结果的类型除了字符串之外，还可以是对象或数组。

11.1 绑定 HTML 样式 class

在 Vue 中，动态的样式类在 v-on:class 中定义，静态的类名写在 class 样式中。

11.1.1 数组语法

Vue 提供了使用数组进行样式绑定的方式，可以直接在数组中写上样式的类名。

注意：如果不使用单引号包裹类名，其代表的还是一个变量的名称，会出现错误信息。

【例 11.1】class 数组语法（源代码\ch11\11.1.html）。

```
<style>
    .static{
        color: white;
    }
    .class1{
        background: #DAB1D5;
        font-size: 30px;
        text-align: center;
        line-height: 100px;
    }
    .class2{
```

```
            width: 400px;
            height: 100px;
        }
</style>
<div id="app">
    <div class="static" v-bind:class="['class1','class2']">{{date}}</div>
</div>
<!--引入 vue 文件-->
<script src="https://unpkg.com/vue@next"></script>
<script>
    //创建一个应用程序实例
    const vm= Vue.createApp({
        //该函数返回数据对象
        data(){
          return{
            date:" 定定住天涯，依依向物华。"
          }
        }
        //在指定的 DOM 元素上装载应用程序实例的根组件
    }).mount('#app');
</script>
```

运行程序，打开控制台，渲染的结果如图 11-1 所示。

图 11-1　class 数组语法渲染结果

如果想以变量的方式定义样式，就需要先定义好这个变量。定义与【例 11.1】相同样式的代码如下：

```
<div id="app">
    <div class="static" v-bind:class="[Class1,Class2]">{{date}}</div>
</div>
<script>
    //创建一个应用程序实例
    const vm= Vue.createApp({
        //该函数返回数据对象
        data(){
          return{
```

```
              date:'定定住天涯，依依向物华。',
              Class1:'class1',
              Class2:'class2'
            }
          }
          //在指定的 DOM 元素上装载应用程序实例的根组件
       }).mount('#app');
</script>
```

在数组语法中还可以使用对象语法，根据值的真假来控制是否使用样式代码如下：

```
<div id="app">
    <div class="static" v-bind:class="[{class1:boole}, 'class2']">{{date}}</div>
</div>
<script>
    //创建一个应用程序实例
    const vm= Vue.createApp({
        //该函数返回数据对象
        data(){
          return{
            date:'定定住天涯，依依向物华。',
            boole:true
            }
        }
        //在指定的 DOM 元素上装载应用程序实例的根组件
    }).mount('#app');
</script>
```

运行程序，渲染的结果和【例 11.1】的结果相同，如图 11-1 所示。

11.1.2　对象语法

在 11.1.1 节的最后，在数组中使用了对象的形式来设置样式，在 Vue 中也可以直接使用对象的形式来设置样式。对象的属性为样式的类名，value 则为 true 或者 false，当值为 true 时显示样式，当值为 false 时隐藏样式。由于对象的属性可以带引号，也可以不带引号，所以属性就按照自己的习惯来书写就可以了。

【例 11.2】class 对象语法（源代码\ch11\11.2.html）。

```
<style>
    .static{
        color: white;
    }
    .class1{
        background: #97CBFF;
        font-size: 20px;
        text-align: center;
        line-height: 100px;
    }
    .class2{
```

```
        width: 200px;
        height: 100px;
      }
  </style>
  <div id="app">
    <div class="static" v-bind:class="{ class1: boole1, 'class2': boole2}">
{{date}}</div>
  </div>
  <!--引入 vue 文件-->
  <script src="https://unpkg.com/vue@next"></script>
  <script>
    //创建一个应用程序实例
    const vm= Vue.createApp({
      //该函数返回数据对象
      data(){
        return{
            boole1: true,
            boole2: true,
            date:"多情自古伤离别"
        }
      }
      //在指定的 DOM 元素上装载应用程序实例的根组件
    }).mount('#app');
  </script>
```

运行程序，打开控制台，渲染的结果如图 11-2 所示。

图 11-2　class 对象语法

当 class1 或 class2 变化时，class 列表也将相应地更新。例如，class2 的值变更为 false：

```
  <script>
    //创建一个应用程序实例
    const vm= Vue.createApp({
      //该函数返回数据对象
      data(){
        return{
            boole1: true,
            boole2: false,
```

```
            date:"多情自古伤离别"
        }
    }
    //在指定的 DOM 元素上装载应用程序实例的根组件
}).mount('#app');
</script>
```

运行程序，打开控制台，渲染的结果如图 11-3 所示。

图 11-3　渲染结果

当对象中的属性过多时，如果还是将全部属性写到元素上，代码势必会变得烦琐。这时可以在元素上只写上对象变量，在 Vue 实例中对对象中的属性进行定义。

【例 11.3】在元素上只写上对象变量（源代码\ch11\11.3.html）。

```
<style>
    .static{
        color: white;
    }
    .class1{
        background: #5151A2;
        font-size: 20px;
        text-align: center;
        line-height: 100px;
    }
    .class2{
        width: 400px;
        height: 100px;
    }
</style>
<div id="app">
    <div class="static" v-bind:class="objStyle">{{date}}</div>
</div>
<!--引入 vue 文件-->
<script src="https://unpkg.com/vue@next"></script>
<script>
    //创建一个应用程序实例
    const vm= Vue.createApp({
```

```
                //该函数返回数据对象
                data(){
                  return{
                    date:"便纵有千种风情，更与何人说？",
                    objStyle:{
                        class1: true,
                        class2: true
                    }
                  }
                }
                //在指定的 DOM 元素上装载应用程序实例的根组件
        }).mount('#app');
</script>
```

运行程序，渲染的结果如图 11-4 所示。

图 11-4　在元素上只写上对象变量

也可以绑定一个返回对象的计算属性，这是一个常用且强大的模式。

```
<div id="app">
    <div class="static" v-bind:class="classObject">{{date}}</div>
</div>
<!--引入 vue 文件-->
<script src="https://unpkg.com/vue@next"></script>
<script>
    //创建一个应用程序实例
    const vm= Vue.createApp({
        //该函数返回数据对象
        data(){
          return{
            date:"便纵有千种风情，更与何人说？",
            boole1: true,
            boole2: true
            }
        },
        computed: {
            classObject: function () {
```

```
            return {
                class1:this.boole1,
                'class2':this.boole2
            }
        }
    }
    //在指定的 DOM 元素上装载应用程序实例的根组件
    }).mount('#app');
</script
```

运行程序，渲染的结果和【例 11.3】相同，如图 11-4 所示。

11.1.3　在组件上使用

当在一个自定义组件上使用 class 属性时，这些类将被添加到该组件的根元素上面。根元素上已经存在的类不会被覆盖。

例如，组件 my-component 声明如下：

```
Vue.component('my-component', {
    template: '<p class="class1 class2">Hello</p>'
})
```

然后在使用它的时候添加一些 class 样式 class3 和 class4：

```
<my-component class=" class3 class4"></my-component>
```

HTML 将被渲染为：

```
<p class=" class1 class2 class3 class4">Hello</p>
```

对于带数据绑定的 class 也同样适用：

```
<my-component v-bind:class="{ class5: isActive }"></my-component>
```

当 isActive 为 truthy 时，HTML 将被渲染成为：

```
<p class=" class1 class2 class5">Hello</p>
```

提示：在 JavaScript 中，truthy（真值）指的是在布尔值上下文中转换后的值为真的值。所有值都是真值，除非它们被定义为 falsy，即除了 false、0、""、null、undefined 和 NaN 外的值都是真值。

11.2　绑定内联样式 style

内联样式是指将 CSS 样式编写到元素的 style 属性中。

11.2.1　对象语法

与使用属性为元素设置 class 样式相同，在 Vue 中，也可以使用对象的方式为元素设置 style 样式。

v-bind:style 的对象语法十分直观——看着非常像 CSS，但其实是一个 JavaScript 对象。CSS 属性名可以用驼峰式（camelCase）或短横线分隔（kebab-case，记得用引号包裹起来）的方式来命名。

【例 11.4】style 对象语法（源代码\ch11\11.4.html）。

```
<div id="app">
    <div v-bind:style="{color: 'red',fontSize:'30',border:'2px solid blue '}">
多情自古伤离别，更那堪，冷落清秋节！今宵酒醒何处？杨柳岸，晓风残月。</div>
</div>
<!--引入vue文件-->
<script src="https://unpkg.com/vue@next"></script>
<script>
    //创建一个应用程序实例
    const vm= Vue.createApp({ }).mount('#app');
</script>
```

运行程序，打开控制台，渲染结果如图 11-5 所示。

图 11-5　style 对象语法

也可以在 Vue 实例对象中定义属性，来代替样式属性，例如下面代码：

```
<div id="app">
    <div v-bind:style="{color:styleColor,fontSize:fontSize+'px',border:style
Border}">多情自古伤离别，更那堪，冷落清秋节！今宵酒醒何处？杨柳岸，晓风残月。</div>
</div>
<!--引入vue文件-->
<script src="https://unpkg.com/vue@next"></script>
<script>
    //创建一个应用程序实例
    const vm= Vue.createApp({
        //该函数返回数据对象
        data(){
          return{
            styleColor: ' red',
            fontSize: 30,
            styleBorder: '2px solid blue'
          }
        }
```

```
        //在指定的 DOM 元素上装载应用程序实例的根组件
    })).mount('#app');
</script>
```

在谷歌浏览器中运行效果和【例 11.4】相同，如图 11-5 所示。

同样地，可以直接绑定一个样式对象变量，这样的代码看起来也会更加简洁美观。

```
<div id="app">
    <div v-bind:style="styleObject">多情自古伤离别，更那堪，冷落清秋节！今宵酒醒何处？
杨柳岸，晓风残月。</div>
</div>
<!--引入 vue 文件-->
<script src="https://unpkg.com/vue@next"></script>
<script>
    //创建一个应用程序实例
    const vm= Vue.createApp({
        //该函数返回数据对象
        data(){
          return{
            styleObject: {
                color: 'red ',
                fontSize: '30px',
                border: '2px solid blue'
            }
          }
        }
        //在指定的 DOM 元素上装载应用程序实例的根组件
    })).mount('#app');
</script>
```

在谷歌浏览器里面运行程序，打开控制台，渲染结果和【例 11.4】相同，如图 11-5 所示。

对象语法常常结合返回对象的计算属性来使用，例如下面代码：

```
<div id="app">
    <div v-bind:style="styleObject">执手相看泪眼，竟无语凝噎。</div>
</div>
<!--引入 vue 文件-->
<script src="https://unpkg.com/vue@next"></script>
<script>
    //创建一个应用程序实例
    const vm= Vue.createApp({
        //计算属性
        computed:{
            styleObject:function(){
                return {
                    color: 'blue',
                    fontSize: '20px'
                }
            }
        }
        //在指定的 DOM 元素上装载应用程序实例的根组件
```

```
    })).mount('#app');
</script>
```

运行程序，渲染的结果如图 11-6 所示。

图 11-6　style 对象语法结合对象的计算属性

11.2.2　数组语法

v-bind:style 的数组语法可以将多个样式对象应用到同一个元素上，样式对象可以是 data 中定义的样式对象和计算属性中 return 的对象。

【例 11.5】style 数组语法（源代码\ch11\11.5.html）。

```html
<div id="app">
    <div v-bind:style="[styleObject1,styleObject2]">今宵酒醒何处？杨柳岸，晓风残
月。此去经年，应是良辰好景虚设。</div>
</div>
<!--引入 vue 文件-->
<script src="https://unpkg.com/vue@next"></script>
<script>
    //创建一个应用程序实例
    const vm= Vue.createApp({
        //该函数返回数据对象
        data(){
          return{
            styleObject1: {
                color: 'red',
                fontSize: '30px'
            }
          }
        },
        //计算属性
        computed:{
            styleObject2:function(){
                return {
                    border: '2px solid blue',
                    padding: '30px',
                    textAlign:'center'
                }
```

```
        }
    }
    //在指定的 DOM 元素上装载应用程序实例的根组件
}).mount('#app');
</script>
```

运行程序，打开控制台，渲染结果如图 11-7 所示。

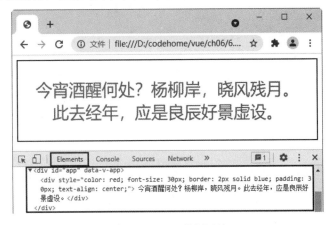

图 11-7　style 数组语法

提示：当 v-bind:style 使用需要添加浏览器引擎前缀的 CSS 属性时（例如 transform），Vue.js 会自动监测并添加相应的前缀。

11.3　项目实战——设计隔行变色的水果信息表

本示例主要是设计隔行变色的水果信息表，针对奇偶行将应用不同的样式，然后通过 v-for 指令循环输出表格中的商品数据。

【例 11.6】设计隔行变色的水果信息表（源代码\ch11\11.6.html）。

```
<!DOCTYPE html>
<html>
<head>
<meta charset="UTF-8">
<style>
    body {
        width: 600px;
    }
    table {
        border: 1px solid black;
    }
    table {
        width: 100%;
    }
    th {
```

```
            height: 50px;
        }
    th, t.d {
            border-bottom: 1px solid black;
            text-align: center;
        }
     [v-cloak] {
            display: none;
        }
}
    .even {
            background-color: #D2A2CC;
        }
</style>
</head>
<body>
    <div id = "app" v-cloak>
      <table>
      <tr><td colspan="4" style="font-size:33px;">水果信息表</td></tr>
       <tr>
            <th>编号</th>
            <th>名称</th>
            <th>价格</th>
            <th>产地</th>
        </tr>
        <tr v-for="(goods, index) in goodss"
        :key="goods.id" :class="{even : (index+1) % 2 === 1}">
            <td>{{ goods.id }}</td>
            <td>{{ goods.title }}</td>
            <td>{{ goods.price }}</td>
            <td>{{ goods.city }}</td>
        </tr>
</table>
</div>
<script src="https://unpkg.com/vue@next"></script>
<script>
    const vm = Vue.createApp({
        data() {
        return {
            goodss: [{
                id: 1001,
                title: '樱桃',
                price: 10.88,
                city: '大连'
            },
            {
                id: 1002,
                title: '香蕉',
                price: 7.88,
                city: '南宁'
            },
```

```
                {
                    id: 1003,
                    title: '葡萄',
                    price: 6.88,
                    city: '吐鲁番'
                },
                {
                    id: 1004,
                    title: '苹果',
                    price: 8.88,
                    city: '烟台'
                }
            ]
        }
    },
    methods: {
        deleteItem(index){
            this.goodss.splice(index, 1);
        }
    }
}).mount('#app');
</script>
</body>
</html>
```

运行程序，结果如图 11-8 所示。

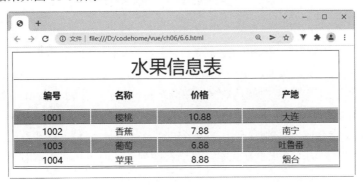

图 11-8　隔行变色的水果信息表

第 12 章

表单与 v-model 双向绑定

对于 Vue 来说，使用 v-bind 并不能解决表单域对象双向绑定的需求。所谓双向绑定，就是无论是通过 input 还是通过 Vue 对象，都能修改绑定的数据对象的值。Vue 提供了 v-model 进行双向绑定。本章将重点讲解表单域对象的双向绑定方法和技巧。

12.1　实现双向数据绑定

对于数据的绑定，不管是使用插值表达式（{{}}）还是 v-text 指令，数据间的交互都是单向的，只能将 Vue 实例里的值传递给页面。页面对数据值的任何操作却无法传递给 model。

MVVM 模式最重要的一个特性就是数据的双向绑定，而 Vue 作为一个 MVVM 框架，肯定也实现了数据的双向绑定。在 Vue 中使用内置的 v-model 指令完成数据在 View 与 Model 间的双向绑定。

可以用 v-model 指令在表单的<input>、<textarea>及<select>元素上创建双向数据绑定。它会根据控件类型自动选取正确的方法来更新元素。尽管有些神奇，但 v-model 本质上还是语法糖。它负责监听用户的输入事件以更新数据，并对一些极端场景进行一些特殊处理。

v-model 会忽略所有表单元素的 value、checked、selected 特性的初始值，而总是将 Vue 实例的数据作为数据来源。这里应该通过 JavaScript 在组件的 data 选项中声明初始值。

12.2　单行文本输入框

下面讲解最常见的单行文本输入框的数据双向绑定。

【例 12.1】绑定单行文本输入框（源代码\ch12\12.1.html）。

```
<div id="app">
    <input type="text" v-model="message" value="hello world">
```

```
        <p>{{message}}</p>
</div>
<!--引入 vue 文件-->
<script src="https://unpkg.com/vue@next"></script>
<script>
    //创建一个应用程序实例
    const vm= Vue.createApp({
        //该函数返回数据对象
        data(){
          return{
            message:"今日采购的水果是葡萄！"
          }
        }
        //在指定的 DOM 元素上装载应用程序实例的根组件
    }).mount('#app');
</script>
```

运行程序，页面初始化效果如图 12-1 所示。在输入框中输入"今日采购的水果是苹果！"，可以看到下面的内容也发生了变化，如图 12-2 所示。

图 12-1　页面初始化效果　　　　　　　　图 12-2　变更后效果

12.3　多行文本输入框

下面示例是在多行文本输入框的<textarea>标签中绑定 message 属性。

【例 12.2】绑定多行文本输入框（源代码\ch12\12.2.html）。

```
<div id="app">
    <textarea v-model="message"></textarea>
    <p>{{message}}</p>
</div>
<!--引入 vue 文件-->
<script src="https://unpkg.com/vue@next"></script>
<script>
    //创建一个应用程序实例
    const vm= Vue.createApp({
        //该函数返回数据对象
        data(){
          return{
            message:"几日随风北海游"
          }
```

```
    }
    //在指定的 DOM 元素上装载应用程序实例的根组件
  }).mount('#app');
</script>
```

运行程序，页面初始化效果如图 12-3 所示。在<textarea>标签中输入多行文本，效果如图 12-4 所示。

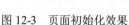

图 12-3　页面初始化效果

图 12-4　绑定多行文本输入框

12.4　复选框

复选框在单独使用时，绑定的是布尔值，若被选中则值为 true，若未被选中则值为 false。

【例 12.3】绑定单个复选框（源代码\ch12\12.3.html）。

```
<div id="app">
   <input type="checkbox" id="checkbox" v-model="checked">
   <label for="checkbox">{{ checked }}</label>
</div>
<!--引入 vue 文件-->
<script src="https://unpkg.com/vue@next"></script>
<script>
    //创建一个应用程序实例
    const vm= Vue.createApp({
        //该函数返回数据对象
        data(){
          return{
           //默认值为 false
            checked:false
           }
        }
        //在指定的 DOM 元素上装载应用程序实例的根组件
    }).mount('#app');
</script>
```

运行程序，页面初始效果如图 12-5 所示。当选中复选框后，checked 的值变为 true，效果如图 12-6 所示。

图 12-5　页面初始化效果　　　　　　　图 12-6　复选框被选中后的效果

下面的示例是将多个复选框绑定到同一个数组中，被选中的内容添加到一个新定义的空数组中。

【例 12.4】绑定多个复选框（源代码\ch12\12.4.html）。

```
<div id="app">
    <p>选择需要采购的水果：</p>
    <input type="checkbox" id="name1" value="葡萄" v-model="checkedNames">
    <label for="name1">葡萄</label>
    <input type="checkbox" id="name2" value="香蕉" v-model="checkedNames">
    <label for="name2">香蕉</label>
    <input type="checkbox" id="name3" value="苹果" v-model="checkedNames">
    <label for="name3">苹果</label>
    <input type="checkbox" id="name4" value="橘子" v-model="checkedNames">
    <label for="name4">橘子</label>
    <p><span>选中的水果:{{ checkedNames }}</span></p>
</div>
<!--引入 vue 文件-->
<script src="https://unpkg.com/vue@next"></script>
<script>
    //创建一个应用程序实例
    const vm= Vue.createApp({
        //该函数返回数据对象
        data(){
          return{
          checkedNames: []    //定义空数组
          }
        }
        //在指定的 DOM 元素上装载应用程序实例的根组件
    }).mount('#app');
</script>
```

运行程序，选择多个复选框，选中的内容显示在数组中，如图 12-7 所示。

图 12-7　绑定多个复选框

12.5　单选按钮

单选按钮一般都有多个条件可供选择，既然是单选按钮，自然希望实现互斥效果，这种效果可以使用 v-model 指令配合单选按钮的 value 来实现。

在下面的示例中，将多个单选按钮绑定到同一个数组中，被选中的内容添加到一个新定义的空数组中。

【例 12.5】绑定单选按钮（源代码\ch12\12.5.html）。

```html
<div id="app">
    <h3>请选择本次采购的水果（单选题）</h3>
    <input type="radio" id="one" value="A" v-model="picked">
    <label for="one">A.苹果</label><br/>
    <input type="radio" id="two" value="B" v-model="picked">
    <label for="two">B.葡萄</label><br/>
    <input type="radio" id="three" value="C" v-model="picked">
    <label for="three">C.香蕉</label><br/>
    <input type="radio" id="four" value="D" v-model="picked">
    <label for="four">D.橘子</label>
    <p><span>选择: {{ picked }}</span></p>
</div>
<!--引入 vue 文件-->
<script src="https://unpkg.com/vue@next"></script>
<script>
    //创建一个应用程序实例
    const vm= Vue.createApp({
        //该函数返回数据对象
        data(){
          return{
           picked: ''
           }
        }
        //在指定的 DOM 元素上装载应用程序实例的根组件
    }).mount('#app');
</script>
```

运行程序，选中"C"单选按钮，效果如图 12-8 所示。

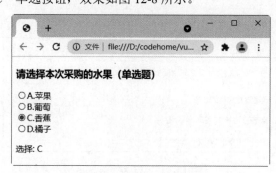

图 12-8　绑定单选按钮

12.6　选择框

选择框包括单选框和多选框。

1. 单选框

在单选框中一次只能选择一个选项。

【例 12.6】绑定单选框（源代码\ch12\12.6.html）。

```html
<div id="app">
    <h3>选择喜欢的水果</h3>
    <select v-model="selected">
        <option disabled value="">选择喜欢的水果</option>
        <option>苹果</option>
        <option>香蕉</option>
        <option>葡萄</option>
        <option>橘子</option>
    </select>
    <span>选择的水果：{{ selected }}</span>
</div>
<!--引入 vue 文件-->
<script src="https://unpkg.com/vue@next"></script>
<script>
    //创建一个应用程序实例
    const vm= Vue.createApp({
        //该函数返回数据对象
        data(){
          return{
            selected: ' '
            }
        }
        //在指定的 DOM 元素上装载应用程序实例的根组件
    }).mount('#app');
</script>
```

运行程序，在选择框的下拉选项中选中"苹果"，选择结果中也变成了"苹果"，效果如图 12-9
所示。

图 12-9　绑定单选框

提示：如果 v-model 表达式的初始值未能匹配任何选项，<select>元素将被渲染为"未选中"状态。

2. 多选框（绑定到一个数组）

为<select>标签添加 multiple 属性，即可实现多选。

【例 12.7】绑定多选框（源代码\ch12\12.7.html）。

```html
<div id="app">
    <h3>选择喜欢的水果</h3>
    <select v-model="selected" multiple style="height: 100px">
        <option disabled value="">选择喜欢的水果</option>
        <option>苹果</option>
        <option>香蕉</option>
        <option>葡萄</option>
        <option>橘子</option>
    </select><br/>
    <span>选择的水果: {{ selected }}</span>
</div>
<!--引入 vue 文件-->
<script src="https://unpkg.com/vue@next"></script>
<script>
    //创建一个应用程序实例
    const vm= Vue.createApp({
        //该函数返回数据对象
        data(){
          return{
            selected: []
          }
        }
        //在指定的 DOM 元素上装载应用程序实例的根组件
    }).mount('#app');
</script>
```

运行程序，按住 Ctrl 键可以选中多个选项，效果如图 12-10 所示。

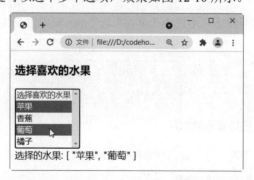

图 12-10　绑定多选框

3. 用 v-for 渲染的动态选项

在实际应用场景中，<select>标签中的<option>一般是通过 v-for 指令动态输出的，其中每一项的 value 或 text 都可以使用 v-bind 动态输出。

【例 12.8】用 v-for 渲染的动态选项（源代码\ch12\12.8.html）。

```
<div id="app">
    <h3>请选择您喜欢的课程</h3>
    <select v-model="selected">
        <option v-for="option in options" v-bind:value="option.value">{{optio
n.text}}</option>
    </select>
    <span>选择的课程: {{ selected }}</span>
</div>
<!--引入 vue 文件-->
<script src="https://unpkg.com/vue@next"></script>
<script>
    //创建一个应用程序实例
    const vm = Vue.createApp({
        //该函数返回数据对象
        data(){
          return{
           selected: [],
            options:[
                { text: '课程 1', value: 'Java 开发班' },
                { text: '课程 2', value: 'Python 开发班' },
                { text: '课程 3', value: '前端开发班' }
            ]
          }
        }
    }).mount('#app');
</script>
```

运行程序，然后在选择框中选中"课程 3"，将会显示它对应的 value 值，效果如图 12-11 所示。

图 12-11　用 v-for 渲染的动态选项

12.7 值绑定

对于单选按钮、复选框及选择框的选项，v-model 绑定的属性值通常是静态字符串（对于复选框也可以是布尔值）。但是，有时可能想把属性值绑定到 Vue 实例的一个动态属性上，这时可以用 v-bind 实现，并且这个属性值可以不是字符串。

12.7.1 复选框的选项

在下面示例中，true-value 和 false-value 特性并不会影响输入控件的 value 特性，因为浏览器在提交表单时并不会包含未被选中的复选框。如果要确保表单中这两个值中的一个能够被提交，例如"yes"或"no"，则换用单选按钮。

【例 12.9】动态绑定复选框（源代码\ch12\12.9.html）。

```html
<div id="app">
    <input type="checkbox" v-model="toggle" true-value="yes" false-value="no">
    <span>{{toggle}}</span>
</div>
<!--引入 vue 文件-->
<script src="https://unpkg.com/vue@next"></script>
<script>
    //创建一个应用程序实例
    const vm = Vue.createApp({
        //该函数返回数据对象
        data(){
          return{
            toggle:'false'
          }
        }
    }).mount('#app');
</script>
```

运行程序，默认的状态效果如图 12-12 所示；选择复选框的状态效果如图 12-13 所示。

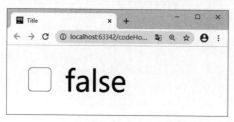

图 12-12　默认的状态效果

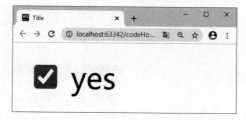

图 12-13　选择复选框的状态效果

12.7.2 单选框的选项

首先为单选按钮绑定一个属性 date，定义属性值为"洗衣机"，然后使用 v-model 指令为单选按钮绑定 pick 属性，当单选按钮被选中后，pick 的值等于 data 的属性值。

【例 12.10】动态绑定单选框的值（源代码\ch12\12.10.html）。

```html
<div id="app">
    <input type="radio" v-model="pick" v-bind:value="date">
    <span>{{ pick}}</span>
</div>
<!--引入 vue 文件-->
<script src="https://unpkg.com/vue@next"></script>
<script>
    //创建一个应用程序实例
    const vm = Vue.createApp({
        //该函数返回数据对象
        data(){
          return{
            date:'苹果 ',
            pick:'未选择'
          }
        }
    }).mount('#app');
</script>
```

运行程序，单选按钮未被选中的效果如图 12-14 所示；选中单选按钮，将显示其 value 值，效果如图 12-15 所示。

图 12-14　单选按钮未被选中的效果　　　　图 12-15　单选按钮被选中的效果

12.7.3 选择框的选项

在下面示例中，定义了 4 个 option 选项，并使用 v-bind 进行绑定。

【例 12.11】动态绑定选择框的选项（源代码\ch12\12.11.html）。

```html
<div id="app">
    <select v-model="selected" multiple>
        <option v-bind:value="{ name: '苹果'}">A</option>
        <option v-bind:value="{ name: '香蕉' }">B</option>
        <option v-bind:value="{ name: '菠萝' }">C</option>
        <option v-bind:value="{ name: '橘子' }">D</option>
    </select>
    <p><span>{{ selected }}</span></p>
</div>
<!--引入 vue 文件-->
<script src="https://unpkg.com/vue@next"></script>
<script>
    //创建一个应用程序实例
    const vm = Vue.createApp({
```

```
    //该函数返回数据对象
    data(){
      return{
       selected:[]
      }
     }
  }).mount('#app');
</script>
```

运行程序，选中 B 和 C 选项，在<p>标签中将显示相应的 name 值，如图 12-16 所示。

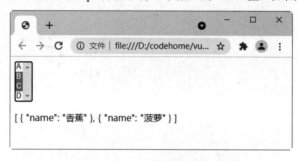

图 12-16　动态绑定选择框的选项

12.8　修饰符

对于 v-model 指令，还有 3 个常用的修饰符：lazy、number 和 trim。

12.8.1　lazy

在输入框中，v-model 默认是同步数据，使用 lazy 后会转变为在 change 事件中同步，也就是在失去焦点或者按 Enter 键后才更新。

【例 12.12】lazy 修饰符（源代码\ch12\12.12.html）。

```
<div id="app">
    <input v-model.lazy="message">
    <p>{{ message }}</p>
</div>
<!--引入 vue 文件-->
<script src="https://unpkg.com/vue@next"></script>
<script>
    //创建一个应用程序实例
    const vm= Vue.createApp({
        //该函数返回数据对象
        data(){
          return{
            message:'',
          }
        }
```

```
        //在指定的 DOM 元素上装载应用程序实例的根组件
    })).mount('#app');
</script>
```

运行程序，输入"惟有黄花不负秋"，如图 12-17 所示；失去焦点或者按 Enter 键后将会同步数据，结果如图 12-18 所示。

图 12-17　输入数据　　　　图 12-18　失去焦点或按 Enter 键后同步数据

12.8.2　number

number 修饰符可以将输入的值转化为 Number 类型，否则虽然输入的是数字，但它的类型其实是 String。number 修饰符在数字输入框中比较有用。

如果想自动将用户的输入值转化为数值类型，可以给 v-model 添加 number 修饰符。这通常很有用，因为即使在 type="number"时，HTML 输入元素的值也总会返回字符串。

【例 12.13】number 修饰符（源代码\ch12\12.13.html）。

```
<div id="app">
        <p>.number 修饰符</p>
        <input type="number" v-model.number="val">
        <p>数据类型是: {{ typeof(val) }}</p>
</div>
<!--引入 vue 文件-->
<script src="https://unpkg.com/vue@next"></script>
<script>
    //创建一个应用程序实例
    const vm= Vue.createApp({
        //该函数返回数据对象
        data(){
          return{
            val:''
            }
        }
        //在指定的 DOM 元素上装载应用程序实例的根组件
    })).mount('#app');
</script>
```

运行程序，输入"88999"，由于使用了 number 修饰符，所以显示的数据类型为 number 类型，如图 12-19 所示。

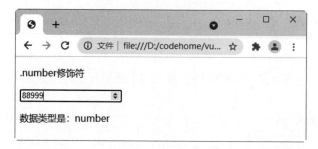

图 12-19　number 修饰符

12.8.3　trim

如果想要自动过滤用户输入字符串的首尾空格，可以给 v-model 添加 trim 修饰符。

【例 12.14】trim 修饰符（源代码\ch12\12.14.html）。

```
<div id="app">
    <p>.trim 修饰符</p>
    <input type="text" v-model.trim="val">
    <p>val 的长度是：{{ val.length }}</p>
</div>
<!--引入 vue 文件-->
<script src="https://unpkg.com/vue@next"></script>
<script>
    //创建一个应用程序实例
    const vm= Vue.createApp({
        //该函数返回数据对象
        data(){
          return{
            val:''
           }
        }
        //在指定的 DOM 元素上装载应用程序实例的根组件
    }).mount('#app');
</script>
```

运行程序，在输入框中输入"　　惟有黄花 88@#%99　　　"，在字符串前后设置许多空格，可以看到 val 的长度仍为 11，不会因为添加空格而改变 val 的长度，如图 12-20 所示。

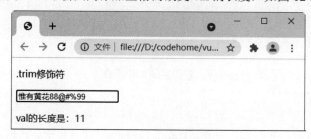

图 12-20　trim 修饰符

12.9　项目实战——设计用户注册页面

使用 Vue 设计用户注册页面比较简单，可以轻松实现数据的转化操作。通过使用 v-model 指令自动收集表单数据，从而轻松实现表单输入和应用状态之间的双向绑定。

【例 12.15】设计用户注册页面（源代码\ch12\12.15.html）。

```html
<div id="app">
    <form @submit.prevent="handleSubmit">
        <span>用户名称:</span>
        <input type="text" v-model="user.userName"><br>
        <span>用户密码:</span>
        <input type="password" v-model="user.pwd"><br>
        <span>性别:</span>
        <input type="radio" id="female" value="female" v-model="user.gender">
        <label for="female">女</label>
        <input type="radio" id="male" value="male" v-model="user.gender">
        <label for="male">男</label><br>
        <span>喜欢的技术: </span>
            <input type="checkbox" id="basketball" value="basketball" v-model=
"user.hobbys">
            <label for="java">Java 开发</label>
            <input type="checkbox" id="football" value="football" v-model="use
r.hobbys">
            <label for="python">Python 开发</label>
            <input type="checkbox" id="pingpang" value="pingpang" v-model="use
r.hobbys">
            <label for="php">PHP 开发</label><br>
        <span>就业城市: </span>
        <select v-model="user.selCityId">
            <option value="">未选择</option>
            <option v-for="city in citys" :value="city.id">{{city.name}}</o
ption>
        </select><br>
        <span>介绍:</span><br>
        <textarea rows="5" cols="30" v-model="user.desc"></textarea><br>
        <input type="submit" value="注册">
    </form>
</div>
<!--引入 vue 文件-->
<script src="https://unpkg.com/vue@next"></script>
<script>
    //创建一个应用程序实例
    const vm= Vue.createApp({
        //该函数返回数据对象
        data(){
          return{
                user:{
                    userName:'',
```

```
                    pwd:'',
                    gender:'female',
                    hobbys:[],
                    selCityId:'',
                    desc:''
                },
                citys:[{id:01,name:"北京"},{id:02,name:"上海"},{id:03,name:"广州
"}],
            }
        },
        methods:{
            handleSubmit(event){
                console.log(JSON.stringify(this.user));
            }
        }
    }
    //在指定的 DOM 元素上装载应用程序实例的根组件
    }).mount('#app');
</script>
```

运行程序，输入注册信息后，单击"注册"按钮，按 F12 键打开控制台，并切换到"Console"
选项，可以看到用户的注册信息，如图 12-21 所示。

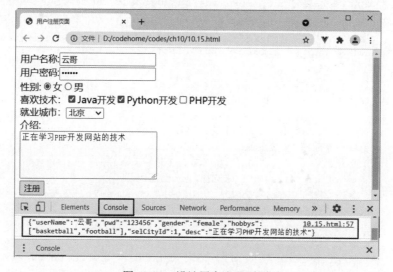

图 12-21 设计用户注册页面

第13章

精通监听器

如果一些数据需要随着其他数据的变化而变动，可以使用 Vue 提供的监听器来实现。通过监听器，Vue 可以观察和响应 Vue 实例上的数据变化。虽然监听器和计算属性有点类似，但是它们的应用场景却有很大的区别。计算属性拥有缓存属性，只有当依赖的数据发生变化时，关联的数据才会变化，适用于计算或者格式化数据的场景。监听器用于监听数据，有关联但是没有依赖，只要某个数据发生变化，就可以处理一些数据并同步或异步执行。本章将重点介绍监听器的使用方法。

13.1　使用监听器

监听器在 Vue 实例的 watch 选项中定义，它包括两个参数，第一个参数是监听数据的新值，第二个是监听数据的旧值。

【例 13.1】使用监听器（源代码\ch13\13.1.html）。

```
<div id="app">
    <p>商品的单价是 600 元每件</p>
    商品数量: <input type="text" v-model="amount">件<br >
    商品总价: <input type="text" v-model="total">元
</div>
<!--引入 vue 文件-->
<script src="https://unpkg.com/vue@next"></script>
<script>
    //创建一个应用程序实例
    const vm= Vue.createApp({
        //该函数返回数据对象
        data(){
         return{
           amount:0,
           total:0
```

```
            }
        },
        watch:{
            amount(val) {
                this.total = val * 600;
            },
            //监听器函数也可以接收两个参数，val 是当前值，oldVal 是改变之前的值
            total(val, oldVal) {
                this.amount = val / 600;
            }
        }
        //在指定的 DOM 元素上装载应用程序实例的根组件
    }).mount('#app');
</script>
```

代码中编写了两个监听器，分别监听数据属性 amount 和 total 的变化，当其中一个数据属性的值发生变化时，对应的监听器就会被调用，经过计算后更新该数据属性的值。

运行程序，结果如图 13-1 所示。

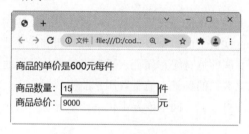

图 13-1　监听属性值的变化

监听器是一个对象，以 key-value 的形式表示：key 是需要监听的表达式，value 是对应的回调函数。value 也可以是方法名，或者包含选项的对象。Vue 实例将会在实例化时调用$watch()，遍历 watch 对象的每一个属性。当数据变化时，当执行异步或开销较大的操作时，可以通过采用监听器的方式来达到目的。

13.2　监听方法和对象

在定义监听器时，不仅可以直接写一个监听处理函数，还可以接收一个字符串形式的方法名，或者监听一个对象的属性变化。

13.2.1　监听方法

在使用监听器的时候，可以接收一个字符串形式的方法名，方法在 methods 选项中定义。

【例 13.2】使用监听器方法（源代码\ch13\13.2.html）。

```
<div id = "app">
    请输入今日口令: <input type = "text" v-model="password">
```

```
    <p v-if="info">{{info}}</p>
</div>
<script src="https://unpkg.com/vue@next"></script>
<script>
    const vm = Vue.createApp({
        data() {
            return {
                password: '',
                info: ''
            }
        },
        methods: {
            checkpassword(){
                if(this.password == '鸡肋')
                    this.info = '恭喜您! 口令正确! ';
                else
                    this.info = '很遗憾! 口令不正确! ';
            }
        },
        watch : {
            password: 'checkpassword'
        }
    }).mount('#app');
</script>
```

在本示例中监听了 passoword 属性,后面直接加上字符串形式的方法名 checkpassword,最后在页面中使用 v-model 指令绑定 password 属性。

运行程序,输入正确口令"鸡肋",结果如图 13-2 所示。

图 13-2　监听方法的效果

13.2.2　监听对象

当监听器监听一个对象时,使用 handler 定义当数据发生变化时调用的监听器函数,还可以设置 deep 和 immediate 属性。

deep 属性在监听对象的属性发生变化时使用,该选项的值为 true,表示无论该对象的属性在对象中的层级有多深,只要该属性的值发生变化,都会被监听到。

监听器函数在初始渲染时并不会被调用,只有在后续监听的属性发生变化时才会被调用。如果要监听器函数在监听开始后立即执行,可以使用 immediate 选项,将其值设置为 true。

下面就来监听一个 goods 对象,在商品价格改变时显示是否可以采购。

【例 13.3】监听对象（源代码\ch13\13.3.html）。

```html
<div id="app">
    用户名称：<input type="text" v-model="user.name"><br />
    用户密码：<input type="text" v-model="user.price">
    <p>{{info}}</p>
</div>
<!--引入 vue 文件-->
<script src="https://unpkg.com/vue@next"></script>
<script>
    //创建一个应用程序实例
    const vm= Vue.createApp({
        //该函数返回数据对象
        data(){
            return{
                info:'',
                user: {
                    name: '',
                    price:''
                }
            }
        },
        watch: {
            user:{
                //该回调函数在 user 对象的属性改变时被调用
                handler: function(newValue,oldValue){
                    if(newValue.name=='风云天下' && newValue.price=='a123456'){
                        this.info="用户名和密码验证成功！";
                    }
                    else{
                        this.info="用户名或密码验证失败！";
                    }
                },
                //设置为 true，无论属性被嵌套多深，改变时都会调用 handler 函数
                deep:true
            }
        }
        //在指定的 DOM 元素上装载应用程序实例的根组件
    }).mount('#app');
</script>
```

运行程序，输入正确的用户名和密码后，结果如图 13-3 所示；用户名或密码有一个不正确时，结果如图 13-4 所示。

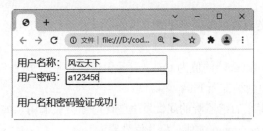

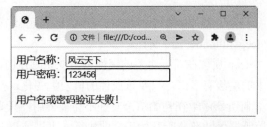

图 13-3　输入正确的用户名和密码的效果　　图 13-4　用户名或密码有一个不正确时的效果

从示例中可以发现，监听器在页面初始化时没有被调用，如果要让监听器函数在页面初始化时

就执行，可以将 immediate 的值设置为 true。在上面示例代码中的 deep:true 后面加入：

```
//设置为true，无论属性被嵌套多深，改变时都会调用handler函数
deep:true,
//页面初始化时执行handler函数
immediate:true
```

此时运行程序，可以发现，虽然没有改变属性值，但也调用了回调函数，显示了"用户名或密码验证失败！"，如图 13-5 所示。

图 13-5　immediate 选项的作用

在上面的示例中，使用 deep 属性深入监听，监听器会一层层地往下遍历，给对象的所有属性都加上这个监听器，修改对象里的任何一个属性都会触发监听器里的 handler 函数。

在实际开发过程中，用户很可能只需要监听对象中的某几个属性，设置为 deep:true 之后就会增大程序性能的开销。这里可以直接监听想要监听的属性，例如修改【例 13.3】，只监听 price 属性。

【例 13.4】监听器对象的单个属性（源代码\ch13\13.4.html）。

```
<div id="app">
    水果的价格：<input type="text" v-model="goods.price">
    <p>{{pess}}</p>
</div>
<!--引入vue文件-->
<script src="https://unpkg.com/vue@next"></script>
<script>
    //创建一个应用程序实例
    const vm= Vue.createApp({
        //该函数返回数据对象
        data(){
          return{
            pess:'',
            fruits: {
                name:'',
                price:0,
                city:''
            }
          }
        },
        watch: {
            //只监听fruits对象的price属性
            'fruits.price':{
                handler: function(newValue,oldValue){
                    if(newValue >= 20){
```

```
                    this.pess="此水果的价格有点贵了！";
                }
                else{
                    this.pess="此水果的价格经济实惠！";
                }
            },
            //设置为 true，无论属性被嵌套多深，改变时都会调用 handler 函数
            deep:true
        }
    }
    //在指定的 DOM 元素上装载应用程序实例的根组件
    }).mount('#app');
</script>
```

运行程序，在输入框中输入 "21"，结果如图 13-6 所示；在输入框中输入 "19"，结果如图 13-7 所示。

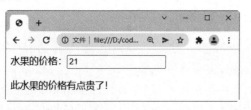

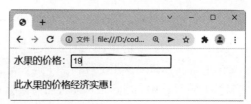

图 13-6　输入 "21" 的效果　　　　　　　　　图 13-7　输入 "19" 的效果

13.3　实例方法$watch

除了使用数据选项中的 watch 方法以外，还可以使用实例对象的$watch 方法，该方法的返回值是一个取消观察函数，用来停止触发回调。

【例 13.5】使用实例方法$watch（源代码\ch13\13.5.html）。

```
<div id="app">
    <button @click="a++">a 加 1</button>
    <p>{{ message }}</p>
</div>
<!--引入 vue 文件-->
<script src="https://unpkg.com/vue@next"></script>
<script>
    //创建一个应用程序实例
    const vm= Vue.createApp({
        //该函数返回数据对象
        data(){
          return{
                a: 10,
                message:''
          }
        }
```

```
//在指定的 DOM 元素上装载应用程序实例的根组件
}).mount('#app');
var unwatch = vm.$watch('a',function(val, oldVal){
    if(val === 20){
        unwatch();
    }
    this.message = 'a 的旧值为' + oldVal + ',新值为' + val;
})
</script>
```

运行程序,不停地单击"a 加 1"按钮,a 的值会增加,当 a 的值更新到 20 时,触发 unwatch() 来取消观察。再次单击"a 加 1"按钮时,a 的值仍然会变化,但是不再触发 watch 的回调函数。运行结果如图 13-8 所示。

图 13-8　使用实例方法$watch

13.4　项目实战——使用监听器设计购物车效果

下面示例使用监听器设计购物车效果,大致需要满足以下需求:

(1)用户可以在购物车中选择或取消商品,可以修改商品的数量。

(2)用户可以在购物车中删除不需要的商品。

(3)对购物车数据进行监听,设置不同的商品和数量后,会显示商品的种类数和商品总价。

【例 13.6】设计购物车效果(源代码\ch13\13.6.html)。

```
<style>
    *{
        margin: 0px;
        padding: 0px;
        box-sizing: border-box;
    }
    .shop-car{
        margin-left: 20px;
        margin-top: 20px1;
    }
    table{
        * text-align: center; */
        /* align-content: center; */
    }
    tr>td:first-child{
        text-align: center;
```

```
        }
        .info{
            display: flex;
            flex-direction: row;
            align-items: center;
        }
        .info-right{
            height: 80px;
            display: flex;
            flex-direction: column;
            justify-content: space-between;
        }
        .img-left>img{
            width: 100px;
        }
        .steper{
            margin: 0px 20px;
        }
        .steper>input[type="button"]{
            width:30px;
        }
        .steper>span{
            display: inline-block;
            width: 20px;
            text-align: center;
        }
    }
    </style>
    </head>
    <body>
    <div class="shop-car" id='app'>
        <div class="count-custom">
            全部商品 {{count}}
        </div>
    <table border="1" cellspacing="0" cellpadding="10">
        <tr>
            <th><input type="checkbox" name="" id="checkAll" value="" @click="
checkAll"/>全部</th>
            <th>商品</th>
            <th>单价（元）</th>
            <th>数量</th>
            <th>操作</th>
        </tr>
        <tr v-for="item in goods" :key="item.id">
            <td><input type="checkbox" name=""  class="checked"id="" value=""
@click="checked()"/></td>
            <td>
                <div class="info">
                    <div class="img-left">
                        <img :src="item.img" >
                    </div>
```

```html
                <div class="info-right">
                    <p class="name">{{item.name}}</p>
                    <p class="cun">{{item.pack}}</p>
                    <p class="weight">{{item.weight}}</p>
                </div>
            </div>
        </td>
        <td>
            {{item.price}}
        </td>
        <td>
            <div class="steper">
                <input type="button" class="opts" id="" value="-" @click="op
tions(-1,item.id)" />
                <span>{{item.num}}</span>
                <input type="button" name="" @click="options(+1,item.id)" v
alue="+" />
            </div>
        </td>
        <td><a href="#" @click="del(item.id)">删除</a></td>
    </tr>
    <tr>
        <td colspan="5" style="text-align: center;">统计:{{countPrice}}元</td>
    </tr>
</table>
</div>
<!--引入 vue 文件-->
<script src="https://unpkg.com/vue@next"></script>
<script>
    //创建一个应用程序实例
    const vm= Vue.createApp({
        //该函数返回数据对象
        data(){
            return{
                count:0,
                countPrice:0,
                goods:[
                    {id:0,name:"红心猕猴桃现摘",pack:"礼盒装",weight:"5 公斤",price:"13
8.00",img:"./images/01.jpg",num:1},
                    {id:1,name:"新疆库尔勒香梨",pack:"礼盒装",weight:"4 公斤",price:"98.
00",img:"./images/02.jpg",num:1},
                    {id:2,name:"湖北新鲜当季橙子",pack:"礼盒装",weight:"5 公斤",price:"
59.00",img:"./images/03.jpg",num:1},
                ]
            }
        },
        methods:{
        //全选
            checkAll(){
                var checkAll=document.getElementById("checkAll");
```

```
            var checkeds=document.getElementsByClassName("checked")
            if(checkAll.checked==true){
                for(var i=0;i<checkeds.length;i++){
                    checkeds[i].checked=true
                }
            }
            this.countPrices()
        },
        checked(status){
            var checkAll=document.getElementById("checkAll");
            var checkeds=document.getElementsByClassName("checked")
            console.log(checkeds)
            for (var i=0;i<checkeds.length;i++){
                if(checkeds[i].checked==false){
                    checkAll.checked=false
                    return false
                }
                checkAll.checked=true;
            }
            this.countPrices()
        },
        options(value,id){
            let goods=this.goods;
            var newGoods=goods.map((item,index,arr)=>{
                if(item.id==id){
                    item.num=item.num+value;
                    this.butonStatus()
                }
                return item;
            })
            this.goods=newGoods
            this.countPrices()
        },
        //计算价格
        countPrices(){
            var countPrice=0;
            console.log(this.goods)
            var goods=this.goods
            var checkAll=document.getElementById("checkAll");
            var checkeds=document.getElementsByClassName("checked")
            console.log(checkeds)
            for (var i=0;i<checkeds.length;i++){
                if(checkeds[i].checked==true){
                    countPrice+=goods[i].price*goods[i].num
                }
            }
            this.countPrice=countPrice
            console.log(countPrice)
        },
        //删除
```

```
    del(id){
        console.log(id)
        var goods=this.goods;
        var newGoods=goods.map((item,index,arr)=>{
            if(item.id==id){
                return arr.splice(index,1)
            }
        })
    },
    butonStatus(){
        var opts=document.getElementsByClassName("opts")
        var goods=this.goods;
        var newGoods=goods.map((item,index)=>{
            if(item.num<2){
                console.log(index)
                opts[index].disabled=true
            }else{
                opts[index].disabled=false
            }
        })
    }
},
    mounted(){
        this.count=this.goods.length;//获取添加至购物车的商品的数量
        this.butonStatus(); //这里判断"-"号按钮是否可用
    }
//在指定的 DOM 元素上装载应用程序实例的根组件
    }).mount('#app');
</script>
```

运行程序，选中商品和数量后，即可自动计算商品总价，效果如图 13-9 所示。

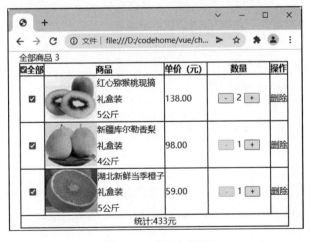

图 13-9　购物车效果

第14章

事件处理

使用 v-on 指令可以监听 DOM 事件，从而触发一些 JavaScript 代码，以实现需要的功能。本章将详细讲解 Vue 实现绑定事件的方法，通过本章的学习，可以更加深入地掌握 Vue 中事件处理的技巧。

14.1　监听事件

事件其实就是在程序运行当中调用方法以改变对应的内容。下面先来看一个简单的示例。

```
<div id="app">
    <p>商品的总价为:{{ num }}元</p>
</div>
<!--引入 vue 文件-->
<script src="https://unpkg.com/vue@next"></script>
<script>
    //创建一个应用程序实例
    const vm= Vue.createApp({
        //该函数返回数据对象
        data(){
          return{
            num:1000
          }
        }
        //在指定的 DOM 元素上装载应用程序实例的根组件
    }).mount('#app');
</script>
```

运行的结果为"商品的总价为：1000 元"。在本示例中，如果想要改变商品的总价，就可以通过事件来完成。

在 JavaScript 中可以使用的事件，在 Vue.js 中也都可以使用。使用事件时，需要 v-on 指令监听

DOM 事件。在上面示例中添加两个按钮，当单击按钮时增加或减少商品的总价。

【例 14.1】添加两个单击事件（源代码\ch14\14.1.html）。

```
<div id="app">
    <button v-on:click="num--">减少 1 元</button>
    <button v-on:click="num++">增加 1 元</button>
    <p>商品的总价为:{{ num }}元</p>
</div>
<!--引入 vue 文件-->
<script src="https://unpkg.com/vue@next"></script>
<script>
    //创建一个应用程序实例
    const vm= Vue.createApp({
        //该函数返回数据对象
        data(){
          return{
            num:1000
          }
        }
        //在指定的 DOM 元素上装载应用程序实例的根组件
    }).mount('#app');
</script>
```

运行程序，多次单击"增加 1 元"按钮，商品的总价会不断增长，效果如图 14-1 所示。

图 14-1 单击事件

14.2 事件处理方法

上一小节的示例是直接操作属性，但在实际的项目开发中，是不可能直接对属性进行操作的。在【例 14.1】中，如果想要单击一次按钮，商品的总价增加或减少 100 元，怎么处理呢？

许多事件的处理逻辑十分复杂，所以直接把 JavaScript 代码写在 v-on 指令中是不可行的。在 Vue 中，v-on 还可以接收一个需要调用的方法名称，可以在方法中来完成复杂的逻辑。下面的示例是在方法中实现单击按钮增加或减少 100 元的操作。

【例 14.2】事件处理方法（源代码\ch14\14.2.html）。

```
<div id="app">
    <button v-on:click="add">增加 100 元</button>
    <button v-on:click="reduce">减少 100 元</button>
```

```
        <p>商品的总价为:{{ num }}元</p>
</div>
<!--引入 vue 文件-->
<script src="https://unpkg.com/vue@next"></script>
<script>
    //创建一个应用程序实例
    const vm= Vue.createApp({
        //该函数返回数据对象
        data(){
          return{
            num:1000
          }
        },
        methods:{
            add:function(){
                this.num+=100
            },
            reduce:function(){
                this.num-=100
            }
        }
    //在指定的 DOM 元素上装载应用程序实例的根组件
    }).mount('#app');
</script>
```

运行程序，单击"增加 100 元"按钮，商品的总价就增加 100 元，效果如图 14-2 所示。

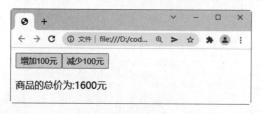

图 14-2　事件处理方法

提示：v-on:可以使用@代替，例如下面代码：

```
<button @click="reduce">减少 100 元</button>
<button @click="add">增加 100 元</button>
```

v-on:和@的作用是一样的，读者可以根据自己的习惯进行选择。

这样就把逻辑代码写到了方法中。相对于【例 14.2】，还可以通过传入参数来实现——在调用方法时传入想要增加或减少的数量，在 Vue 中定义一个 change 参数来接收 HTML 中传入的参数。

【例 14.3】事件处理方法的参数（源代码\ch14\14.3.html）。

```
<div id="app">
    <button v-on:click="add(1000)">增加 1000 元</button>
    <button v-on:click="reduce(1000)">减少 1000 元</button>
    <p>商品的总价为:{{ num }}元</p>
</div>
```

```
<!--引入 vue 文件-->
<script src="https://unpkg.com/vue@next"></script>
<script>
    //创建一个应用程序实例
    const vm= Vue.createApp({
        //该函数返回数据对象
        data(){
          return{
            num:10000
          }
        },
        methods:{
            //在方法中定义一个参数 change，接收 HTML 中传入的参数
            add:function(change){
                this.num +=change
            },
            reduce:function(change){
                this.num -=change
            }
        }
    //在指定的 DOM 元素上装载应用程序实例的根组件
    }).mount('#app');
</script>
```

运行程序，单击"增加 1000 元"按钮，商品的总价就增加 1000 元，多次单击"增加 1000 元"按钮后的结果如图 14-3 所示。

图 14-3 事件处理方法的参数

对于定义的方法，多个事件都可以调用。例如，下面示例在【例 14.3】的基础上再添加 2 个按钮，并分别添加双击事件调用 add()和 reduce()方法。单击事件传入参数 1000，双击事件传入参数 2000，在 Vue 中使用 change 接收传入的参数。

【例 14.4】多个事件调用一个方法（源代码\ch14\14.4.html）。

```
<div id="app">
    <div>单击:
        <button v-on:click="add(1000)">增加 1000 元</button>
        <button v-on:click="reduce(1000)">减少 1000 元</button>
    </div>
    <p>商品的总价为:{{ num }}元</p>
    <div>双击:
        <button v-on:dblclick="add(2000)">增加 2000 元</button>
        <button v-on:dblclick="reduce(2000)">减少 2000 元</button>
```

```
        </div>
    </div>
    <!--引入 vue 文件-->
    <script src="https://unpkg.com/vue@next"></script>
    <script>
        //创建一个应用程序实例
        const vm= Vue.createApp({
            //该函数返回数据对象
            data(){
              return{
                num:10000
              }
            },
            methods:{
                add:function(change){
                    this.num+=change
                },
                reduce:function(change){
                    this.num-=change
                }
            }
        //在指定的 DOM 元素上装载应用程序实例的根组件
        }).mount('#app');
    </script>
```

运行程序，单击或者双击按钮，商品的总价会随着改变，效果如图 14-4 所示。

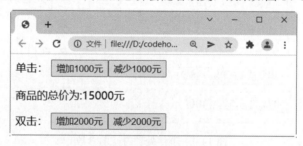

图 14-4　多个事件调用一个方法

14.3　事件修饰符

对事件可以添加一些通用的限制，例如添加阻止事件冒泡。Vue 对事件的限制提供了特定的写法，称之为修饰符，语法如下：

```
v-on:事件.修饰符
```

在事件处理程序中，调用 event.preventDefault()（阻止默认行为）或 event.stopPropagation()（阻止事件冒泡）是非常常见的需求。尽管可以在方法中轻松实现这一点，但更好的方式是使用纯粹的数据逻辑，而不是去处理 DOM 事件细节。

在 Vue 中，事件修饰符处理了许多 DOM 事件的细节，让我们不再花费大量的时间去处理这些烦琐的事情，而能有更多的精力专注于程序的逻辑处理。下面分别来看一下每个修饰符的用法。

14.3.1 stop

stop 修饰符用来阻止事件冒泡。在下面的示例中，创建了一个 div 元素，在其内部也创建一个 div 元素，并分别为它们添加单击事件。根据事件的冒泡机制可以得知，当单击内部的 div 元素之后，会扩散到父元素 div，从而触发父元素的单击事件。

【例 14.5】事件冒泡（源代码\ch14\14.5.html）。

```
<style>
    .outside{
        width: 200px;
        height: 100px;
        border: 1px solid red;
        text-align: center;
    }
    .inside{
        width: 100px;
        height: 50px;
        border:1px solid black;
        margin:15% 25%;
    }
</style>
</head>
<body>
<div id="app">
    <div class="outside" @click="outside">
        <div class="inside" @click ="inside">冒泡事件</div>
    </div>
</div>
<!--引入 vue 文件-->
<script src="https://unpkg.com/vue@next"></script>
<script>
    //创建一个应用程序实例
    const vm= Vue.createApp({
        methods: {
            outside: function () {
                alert("外层 div 的单击事件")
            },
            inside: function () {
                alert("内部 div 的单击事件")
            }
        }
        //在指定的 DOM 元素上装载应用程序实例的根组件
    }).mount('#app');
</script>
```

运行程序，单击内部 div 元素，触发自身事件，效果如图 14-5 所示；根据事件的冒泡机制，单击内部 div 元素也会触发外部 div 元素，效果如图 14-6 所示。

图 14-5　触发内部 div 元素事件

图 14-6　触发外部 div 元素事件

如果不希望出现事件冒泡，则可以使用 Vue 内置的修饰符 stop 便捷地阻止事件冒泡的产生。因为是单击内部 div 元素后产生的事件冒泡，所以只需要在内部 div 元素的单击事件上加上 stop 修饰符即可。

【例 14.6】使用 stop 修饰符阻止事件冒泡（源代码\ch14\14.6.html）。

修改【例 14.5】中 HTML 代码如下：

```html
<div id="app">
    <div class="outside" @click="outside">
        <div class="inside" @click.stop="inside">阻止事件冒泡</div>
    </div>
</div>
```

运行程序，单击内部的 div 元素之后，将不再触发父元素 div 的单击事件，如图 14-7 所示。

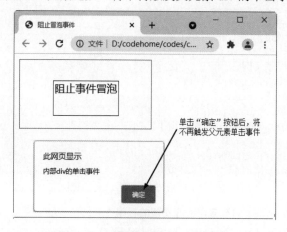

图 14-7　只触发内部 div 元素事件

14.3.2　capture

事件捕获模式与事件冒泡模式是一对相反的事件处理流程。当想要将页面元素的事件流改为事件捕获模式时，只需要在父级元素的事件上使用 capture 修饰符即可。若有多个 capture 修饰符，则由外而内逐个触发。

在下面示例中，创建了 3 个 div 元素，将它们进行层层嵌套，并添加单击事件。为外层和中间层的 2 个 div 元素添加 capture 修饰符。当单击内部的 div 元素时，将从外向内触发含有 capture 修饰符的 div 元素的事件。

【例 14.7】capture 修饰符（源代码\ch14\14.7.html）。

```
<style>
    .outside{
        width: 300px;
        height: 180px;
        color:white;
        font-size: 30px;
        background: red;
        margin-top: 120px;
    }
    .center{
        width: 200px;
        height: 120px;
        background: #17a2b8;
    }
    .inside{
        width: 100px;
        height: 60px;
        background: #a9b4ba;
    }
</style>
<div id="app">
    <div class="outside" @click.capture="outside">
        <div class="center" @click.capture="center">
            <div class="inside" @click="inside">内部</div>
            中间
        </div>
        外层
    </div>
</div>
<!--引入 vue 文件-->
<script src="https://unpkg.com/vue@next"></script>
<script>
    //创建一个应用程序实例
    const vm= Vue.createApp({
        methods: {
            outside:function(){
                alert("外面的 div")
            },
            center:function(){
                alert("中间的 div")
            },
            inside: function () {
```

```
            alert("内部的div")
          }
        }
    //在指定的DOM元素上装载应用程序实例的根组件
    })).mount('#app');
</script>
```

运行程序，单击内部的 div 元素，会先触发添加了 capture 修饰符的外层 div 元素，如图 14-8 所示；然后触发中间层 div 元素，如图 14-9 所示；最后触发单击的内部元素，如图 14-10 所示。

图 14-8 触发外层 div 元素事件

图 14-9 触发中间层 div 元素事件

图 14-10 触发内部 div 元素事件

14.3.3 self

self 修饰符可以理解为跳过冒泡事件和捕获事件，只有直接作用在元素上的事件才可以执行。self 修饰符会监视事件是否直接作用在元素上，若不是，则冒泡跳过该元素。

【例 14.8】self 修饰符（源代码\ch14\14.8.html）。

```
<style>
    .outside{
```

```
        width: 300px;
        height: 180px;
        color:white;
        font-size: 30px;
        background: red;
        margin-top: 100px;
    }
    .center{
        width: 200px;
        height: 120px;
        background: #17a2b8;
    }
    .inside{
        width: 100px;
        height: 60px;
        background: #a9b4ba;
    }
</style>
<div id="app">
    <div class="outside" @click="outside">
        <div class="center" @click.self="center">
            <div class="inside" @click="inside">内部</div>
            中间
        </div>
        外层
    </div>
</div>
<!--引入 vue 文件-->
<script src="https://unpkg.com/vue@next"></script>
<script>
    //创建一个应用程序实例
    const vm= Vue.createApp({
        methods: {
            outside: function () {
                alert("外层的 div")
            },
            center: function () {
                alert("中间的 div")
            },
            inside: function () {
                alert("内部的 div")
            }
        }
        //在指定的 DOM 元素上装载应用程序实例的根组件
    }).mount('#app');
</script>
```

运行程序，单击内部的 div 元素后，触发该元素的单击事件，效果如图 14-11 所示；由于中间层 div 元素添加了 self 修饰符，并且没有直接单击该元素，所以会跳过中间层 div 元素；内部 div 元素执行完毕，外层的 div 元素紧接着执行，效果如图 14-12 所示。

图 14-11　触发内部 div 元素事件

图 14-12　触发外层 div 元素事件

14.3.4　once

有时候，有些操作只需要执行一次，例如，微信朋友圈点赞。这时便可以使用 once 修饰符来完成。once 修饰符还能被用到自定义的组件事件上。

【例 14.9】once 修饰符（源代码\ch14\14.9.html）。

```
<div id="app">
    <button @click.once="add">点赞 </button>
    <p>文章的点赞数:{{ num }}</p>
</div>
<!--引入 vue 文件-->
<script src="https://unpkg.com/vue@next"></script>
<script>
    //创建一个应用程序实例
    const vm= Vue.createApp({
        //该函数返回数据对象
        data(){
          return{
            num:0
          }
        },
        methods:{
            add:function(){
                this.num +=1
            },
        }
    //在指定的 DOM 元素上装载应用程序实例的根组件
    }).mount('#app');
</script>
```

运行程序，单击"点赞"按钮，count 值从 100 变成 101，之后，不管再单击多少次"点赞"按钮，count 的值仍然是 101，效果如图 14-13 所示。

图 14-13　once 修饰符

14.3.5　prevent

prevent 修饰符用于阻止默认行为，例如<a>标签，当单击该标签时，默认跳转到对应的链接，如果给<a>标签添加上 prevent 修饰符将不会跳转到对应的链接。

【例 14.10】prevent 修饰符（源代码\ch14\14.10.html）。

```
<div id="app">
    <div style="margin-top: 100px">
        <a @click.prevent="alert()" href="https://cn.vuejs.org" >阻止跳转</a>
    </div>
</div>
<!--引入 vue 文件-->
<script src="https://unpkg.com/vue@next"></script>
<script>
    //创建一个应用程序实例
    const vm= Vue.createApp({
        methods:{
            alert:function(){
                alert("阻止<a>标签的链接")
            }
        }
    //在指定的 DOM 元素上装载应用程序实例的根组件
    }).mount('#app');
</script>
```

运行程序，单击"阻止跳转"链接，触发 alert()事件，弹出提示框显示"阻止<a>标签的链接"，效果如图 14-14 所示；然后单击"确定"按钮，可发现页面将不进行跳转。

图 14-14　prevent 修饰符

14.3.6　passive

passive 修饰符会告诉浏览器不阻止事件的默认行为。明明是默认执行的行为，为什么还要使用 passive 修饰符呢？原因是浏览器只有等内核线程执行到事件监听器对应的 JavaScript 代码时，才能知道内部是否会调用 preventDefault 函数来阻止事件的默认行为，所以浏览器本身是没有办法对这种场景进行优化的。在这种场景下，用户的手势事件无法快速产生，导致页面无法快速执行滑动逻辑，从而让用户感觉到页面卡顿。

通俗地说就是每次产生事件，浏览器都会去查询一下是否有 preventDefault 阻止该次事件的默认动作。加上 passive 修饰符就是为了告诉浏览器，不用查询了，没有使用 preventDefault 阻止默认行为。

提示：不要把 passive 和 prevent 修饰符一起使用，因为一起使用时 prevent 将会被忽略，同时浏览器可能会给出一个警告。

passive 修饰符一般用在滚动监听、@scoll 和@touchmove 中。因为在滚动监听过程中，每移动一个像素都会产生一次事件，每次都使用内核线程查询 prevent 会使滑动卡顿。通过 passive 修饰符将跳过内核线程查询，可以大大提升滑动的流畅度。

注意：使用修饰符时，顺序很重要，相应的代码会以同样的顺序产生。例如，用 v-on:click.prevent.self 会阻止所有的单击事件，而 v-on:click.self.prevent 只会阻止对元素自身的单击事件。

14.4　按键修饰符

在 Vue 中可以使用以下 3 种键盘事件：

（1）keydown：键盘按键按下时触发。

（2）keyup：键盘按键抬起时触发。

（3）keypress：键盘按键按下抬起间隔期间触发。

在日常的页面交互中，经常会遇到这些需求：用户在输入账号和密码后按 Enter 键；一个多选筛选条件，通过单击多选框后自动加载符合选中条件的数据；等等。在传统的前端开发中，当碰到这种类似的需求时，往往需要知道 JavaScript 中需要监听的按键所对应的 keyCode，然后通过判断 keyCode 得知用户是按下了哪个按键，继而执行后续的操作。

提示：keyCode 返回 keypress 事件触发的键值的字符代码，或 keydown、keyup 事件的键值代码。

下面来看一个示例，为两个输入框绑定 keyup 事件，每次用键盘在输入框输入内容时都会触发该事件，并调用 name 或 password 方法。

【例 14.11】触发键盘事件（源代码\ch14\14.11.html）。

```
<div id="app">
```

```
    <label for="name">姓名: </label>
    <input v-on:keyup="name" type="text" id="name">
    <label for="pass">密码: </label>
    <input v-on:keyup="password" type="password" id="pass">
</div>
<!--引入 vue 文件-->
<script src="https://unpkg.com/vue@next"></script>
<script>
    //创建一个应用程序实例
    const vm= Vue.createApp({
        methods: {
            name:function(){
                console.log("正在输入姓名...")
            },
            password:function(){
                console.log("正在输入密码...")
            }
        }
    //在指定的 DOM 元素上装载应用程序实例的根组件
    }).mount('#app');
</script>
```

运行程序,打开控制台,然后在输入框中输入姓名和密码。可以发现,每次输入时都会调用对应的方法打印内容,如图 14-15 所示。

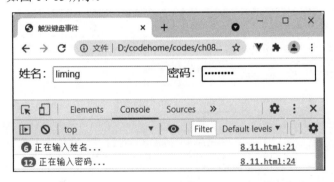

图 14-15　每次输入内容都会触发键盘事件

在 Vue 中,提供了一种便利的方式去实现监听键盘事件。在监听键盘事件时,经常需要查找常见的按键所对应的 keyCode,而 Vue 为常用的按键提供了按键码的别名:

```
.enter
.tab
.delete (捕获"删除"和"退格"键)
.esc
.space
.up
.down
.left
.right
```

对于【例 14.11】,每次输入都会触发 keyup 事件,有时候不需要每次输入都触发,例如发 QQ

消息，希望所有的内容都输入完成后再发送。这时可以为 keyup 事件添加 enter 按键码，当键盘上的 enter 键抬起时才会触发 keyup 事件。

【例 14.12】添加 enter 按键码（源代码\ch14\14.12.html）。

```
<div id="app">
    <label for="name">商品名称: </label>
    <input v-on:keyup.enter="name" type="text" id="name">
</div>
<!--引入 vue 文件-->
<script src="https://unpkg.com/vue@next"></script>
<script>
    //创建一个应用程序实例
    const vm= Vue.createApp({
      methods: {
        name:function(){
            console.log("正在输入商品名称...")
        }
      }
    //在指定的 DOM 元素上装载应用程序实例的根组件
    }).mount('#app');
```

运行程序，在输入框中输入商品名称"洗衣机"，然后按下 Enter 键，弹起后触发 keyup 方法，打印"正在输入商品名称…"，效果如图 14-16 所示。

图 14-16　Enter 键弹起时触发 keyup 事件添加 enter 按键码

14.5　系统修饰键

可以用如下修饰符来实现仅在按下相应按键时才触发鼠标或键盘事件的监听器。

```
.ctrl
.alt
.shift
.meta
```

注意：系统修饰键与常规按键不同，在和 keyup 事件一起用时，当事件触发时修饰键必须处于按下状态。换句话说，只有在按住 Shift 键的情况下释放其他按键，才能触发 keyup.shift，而单单释放 Shift 键不会触发事件。

【例 14.13】系统修饰键（源代码\ch14\14.13.html）。

```
<div id="app">
    <label for="name">请输入用户的名称: </label>
    <input v-on:keyup.shift.enter="name" type="text" id="name">
</div>
<!--引入 vue 文件-->
<script src="https://unpkg.com/vue@next"></script>
<script>
    //创建一个应用程序实例
    const vm= Vue.createApp({
        methods: {
            name:function(){
                console.log("正在输入用户的名称...")
            }
        }
    //在指定的 DOM 元素上装载应用程序实例的根组件
    }).mount('#app');
</script>
```

运行程序，在输入框中输入内容后，按 Enter 键是无法激活 keyup 事件的，首先需要按住 Shift 键，再按 Enter 键后松开才可以触发，效果如图 14-17 所示。

图 14-17　系统修饰键

14.6　项目实战——处理用户注册信息

本节示例主要在按钮、选择框、复选框上添加事件处理，从而实现用户注册时的信息处理。在选中"同意本站协议"复选框之前，"注册"按钮是不可用的。

【例 14.14】处理用户注册信息（源代码\ch14\14.14.html）。

```
<div id="app">
        <p>{{msg}}</p>
        <button v-on:click="handleClick">单击按钮</button>
        <button @click="handleClick">单击按钮</button>
        <h5>选择感兴趣技术</h5>
```

```
        <select v-on:change="handleChange">
            <option value="red">网站前端技术</option>
            <option value="green">Python 编程技术</option>
            <option value="pink">Java 编程技术</option>
        </select>
        <h5>表单提交</h5>
        <form v-on:submit.prevent="handleSubmit">
            <input type="checkbox"  v-on:click="handleDisabled"/>
            同意本站协议
            <br><br>
            <button :disabled="isDisabled">注册</button>
        </form>
    </div>
<!--引入 vue 文件-->
<script src="https://unpkg.com/vue@next"></script>
<script>
    //创建一个应用程序实例
    const vm= Vue.createApp({
        //该函数返回数据对象
        data(){
          return{
                msg:"注册账户",
                isDisabled:true
            }
        },
          //methods 对象
          methods:{
              //通过 methods 来定义需要的方法
              handleClick:function(){
                  console.log("btn is clicked");
              },
              handleChange:function(event){
                  console.log("选择了某选项"+event.target.value);
              },
              handleSubmit:function(){
                  console.log("触发事件");
              },
              handleDisabled:function(event){
                console.log(event.target.checked);
                  if(event.target.checked==true){
                      this.isDisabled =  false;
                }
                  else {
                      this.isDisabled =  true;
                }
              }
          }
    //在指定的 DOM 元素上装载应用程序实例的根组件
    }).mount('#app');
</script>
```

　　运行程序，在单击不同按钮、选择下拉列表项和复选框时，将触发不同的事件，如图 14-18 所示。

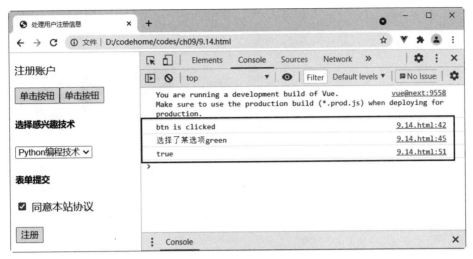

图 14-18　处理用户注册信息

第15章

过渡和动画效果

在设计网页的过程中，合理地添加过渡和动画效果可以提高用户的体验，帮助用户更好地理解页面中的功能。Vue 在插入、更新或者移除 DOM 时，提供多种不同方式的过渡应用和动画效果，包括在 CSS 过渡和动画中自动应用 class、使用第三方动画库、在过渡钩子函数中操作 DOM 等。本章将重点介绍创建过渡和动画效果的方法和技巧。

15.1　单元素/组件的过渡和动画

Vue 提供了 transition 的封装组件，可以给元素和组件添加进入/离开的过渡效果。

15.1.1　CSS 过渡

常用的过渡都是使用 CSS 过渡。下面是一个没有使用过渡效果的示例，通过一个按钮控制\<p\>元素的显示和隐藏。

【例 15.1】控制\<p\>元素的显示和隐藏（源代码\ch15\15.1.html）。

```
<div id="app">
    <button v-on:click="show = !show">今日秒杀的商品</button>
    <p v-if="!show">葡萄</p>
    <p v-if="!show">西瓜</p>
    <p v-if="!show">苹果</p>
</div>
<script src="https://unpkg.com/vue@next"></script>
<script>
    const vm= Vue.createApp({
        data(){
          return{
            show:true
```

```
        }
      }
    }).mount('#app');
</script>
```

运行程序，单击"今日秒杀的商品"按钮后的效果如图 15-1 所示。当单击"今日秒杀的商品"按钮时，会发现 p 标签出现或者消失，但没有过渡效果，对用户体验不太友好。

图 15-1 没有过渡效果

可以使用 Vue 的 transition 组件来实现消失或者隐藏的过渡效果。使用 Vue 过渡的时候，首先要把过渡的元素添加到 transition 组件中。在 Vue 中，.v-enter、.v-leave-to、.v-enter-active 和.v-leave-active 样式定义动画的过渡样式。

【例 15.2】添加 CSS 过渡效果（源代码\ch15\15.2.html）。

```
<style>
    /*v-enter-active 入场动画的时间段*/
    /*v-leave-active 离场动画的时间段*/
    .v-enter-active, .v-leave-active{
        transition: all .5s ease;
    }
    /*v-enter: 是一个时间点，动画进入之前，元素的起始状态，此时动画还没有进入*/
    /*v-leave-to: 是一个时间点，是动画离开之后，元素的终止状态，此时元素动画已经结束。*/
    .v-enter, .v-leave-to{
        opacity: 0.3;
        transform:translateY(200px);
    }
</style>
<div id="app">
    <button v-on:click="show = !show">宫词</button>
    <transition><p v-if="!show">一声何满子，双泪落君前。</p> </transition>
</div>
<script src="https://unpkg.com/vue@next"></script>
<script>
    const vm= Vue.createApp({
        data(){
```

```
        return{
            show:true
        }
    }
}).mount('#app');
</script>
```

运行程序，单击"宫词"按钮，显示效果如图 15-2 所示；再次单击"宫词"按钮，<p>元素开始过渡到下侧 200px 的位置，最终透明度为 0.3，如图 15-3 所示。

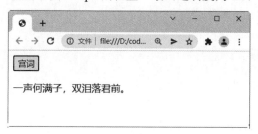

图 15-2　显示内容

图 15-3　过渡效果

15.1.2　过渡的类名

在进入/离开的过渡中，会有 6 个 class 切换。

- v-enter-from: 定义进入过渡的开始状态。在元素被插入之前生效，在元素被插入之后的下一帧移除。
- v-enter-to: 定义进入过渡的结束状态。在元素被插入之后的下一帧生效（与此同时 v-enter 被移除），在过渡/动画完成之后被移除。
- v-enter-active: 定义进入过渡生效时的状态。在整个进入过渡的阶段中应用，在元素被插入之前生效，在过渡/动画完成之后被移除。这个类可以被用来定义进入过渡的过程时间、延迟和曲线函数。
- v-leave-from: 定义离开过渡的开始状态。在离开过渡被触发时立刻生效，在下一帧被移除。
- v-leave-to: 定义离开过渡的结束状态。在离开过渡被触发之后的下一帧生效（与此同时 v-leave 被移除），在过渡/动画完成之后被移除。
- v-leave-active: 定义离开过渡生效时的状态。在整个离开过渡的阶段中应用，在离开过渡被触发时立刻生效，在过渡/动画完成之后被移除。这个类可以被用来定义离开过渡的过程时间、延迟和曲线函数。

一个过渡效果包括两个阶段，一个是进入动画（Enter），另一个是离开动画（Leave），如图 15-4 所示。

- 进入动画包括 v-enter-from 和 v-enter-to 两个时间点和 v-enter-active 一个时间段。离开动画包括 v-leave-from 和 v-leave-to 两个时间点和 v-leave-active 一个时间段。

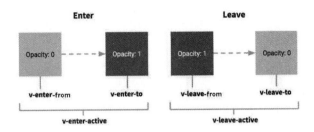

图 15-4　过渡动画的时间点

在定义过渡时，首先使用 transition 元素，把需要被过渡控制的元素包裹起来，然后自定义两组样式，来控制 transition 内部的元素实现过渡。

在【例 15.2】中，如果再想实现一个上下移动的过渡，该如何实现呢？不可能公用同样的过渡样式。

对于这些在过渡中切换的类名来说，如果使用一个没有名字的 transition，则 v-是这些类名的默认前缀。在【例 15.2】中定义的样式，在所有动画中都是公用的，这显然不是我们想要的。transition 有一个 name 属性，可以通过它来修改过渡样式的名称。如果使用了<transition name="my-transition">，那么 v-enter-from 会替换为 my-transition-enter。这样做的好处就是可以区分每个不同的过渡和动画。

下面示例是通过一个按钮来触发两个过渡效果，一个从右侧 150px 的位置开始，一个从下面 200px 的位置开始。

【例 15.3】多个过渡效果（源代码\ch15\15.3.html）。

```
<style>
    .v-enter-active, .v-leave-active {
        transition: all 0.5s ease;
    }
    .v-enter-from, .v-leave-to{
        opacity: 0.2;
        transform:translateX(150px);
    }
    .my-transition-enter-active, .my-transition-leave-active {
        transition: all 0.8s ease;
    }
    .my-transition-enter, .my-transition-leave-to{
        opacity: 0.2;
        transform:translateY(200px);
    }
</style>
<div id="app">
    <button v-on:click="show = !show">
        正月三日闲行
    </button>
    <transition>
        <p v-if="!show">鸳鸯荡漾双双翅，杨柳交加万万条。</p>
    </transition>
    <transition name="my-transition">
        <p v-if="!show">借问春风来早晚，只从前日到今朝。</p>
```

```
    </transition>
</div>

<script src="https://unpkg.com/vue@next"></script>
<script>
    const vm= Vue.createApp({
        //该函数返回数据对象
        data(){
          return{
            show:true
          }
        }
    }).mount('#app');
</script>
```

运行程序，单击"正月三日闲行"按钮，显示内容如图 15-5 所示；再次单击"正月三日闲行"按钮，触发两个过渡效果，如图 15-6 所示。

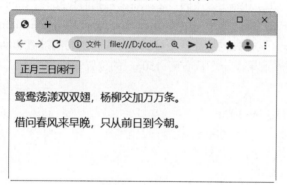

图 15-5　显示内容

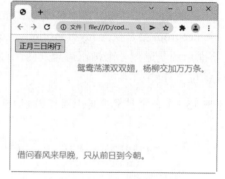

图 15-6　多个过渡效果

15.1.3　CSS 动画

CSS 动画的用法同 CSS 过渡差不多，区别是：在动画中，v-enter 类名在节点插入 DOM 后不会立即被删除，而是在 animationend 事件触发时被删除。

【例 15.4】CSS 动画（源代码\ch15\15.4.html）。

```
<style>
      /*进入动画阶段*/
      .my-enter-active {
          animation: my-in .5s;
      }
      /*离开动画阶段*/
      .my-leave-active {
          animation: my-in .5s reverse;
      }
      /*定义动画 my-in*/
      @keyframes my-in {
          0% {
```

```
                transform: scale(0);
            }
            50% {
                transform: scale(1.5);
            }
            100% {
                transform: scale(1);
            }
        }
    </style>
<div id="app">
    <button @click="show = !show">小松</button>
    <transition name="my">
        <p v-if="show">时人不识凌云木，直待凌云始道高。</p>
    </transition>
</div>
<script src="https://unpkg.com/vue@next"></script>
<script>
    const vm= Vue.createApp({
        //该函数返回数据对象
        data(){
          return{
            show:true
          }
        }
    }).mount('#app');
</script>
```

运行程序，单击"小松"按钮，触发 CSS 动画，效果如图 15-7 所示。

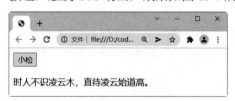

图 15-7　CSS 动画效果

15.1.4　自定义过渡的类名

可以通过以下属性来自定义过渡类名：

- enter-class
- enter-active-class
- enter-to-class
- leave-class
- leave-active-class
- leave-to-class

它们的优先级高于普通的类名，这对于 Vue 的过渡系统和其他第三方 CSS 动画库（如 Animate.css）的结合使用是十分有用的。

下面示例在<transition>组件中使用 enter-active-class 和 leave-active-class 类，结合 Animate.css 动画库来实现动画效果。

【例 15.5】自定义过渡的类名（源代码\ch15\15.5.html）。

```
<link href="https://cdn.jsdelivr.net/npm/animate.css@3.5.1" rel="stylesheet"
type="text/css">
  <div id="app">
    <button @click="show = !show">古诗欣赏 </button>
<!--enter-active-class:控制动画的进入-->
<!-- leave-active-class:控制动画的离开-->
<!--animated 类似于全局变量，它定义了动画的持续时间；-->
    <transition
         enter-active-class="animated bounceInUp"
         leave-active-class="animated slideInRight"  >
      <p v-if="show">人生到处知何似，应似飞鸿踏雪泥。</p>
    </transition>
</div>
<script src="https://unpkg.com/vue@next"></script>
<script>
    const vm= Vue.createApp({
      data(){
        return{
          show:true
        }
      }
    }).mount('#app');
</script>
```

运行程序，单击"古诗欣赏"按钮，触发进入动画，效果如图 15-8 所示；再次单击"古诗欣赏"按钮时触发离开动画，效果如图 15-9 所示。

图 15-8　进入动画效果

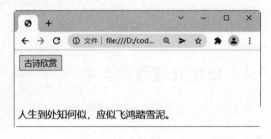

图 15-9　离开动画效果

15.1.5　动画的 JavaScript 钩子函数

可以在 transition 组件中声明 JavaScript 钩子，它们以属性的形式存在。例如下面代码：

```
<transition
    进入动画钩子函数
```

:before-enter 表示动画入场之前，此时动画还未开始，可以在其中设置元素开始动画之前的起始样式

```
      v-on:before-enter="beforeEnter"
```

:enter 表示动画开始之后的样式，可以设置完成动画的结束状态

```
      v-on:enter="enter"
```

:after-enter 表示动画完成之后的状态

```
      v-on:after-enter="afterEnter"
```

:enter-cancelled 用于取消开始动画

```
      v-on:enter-cancelled="enterCancelled"
      离开动画钩子函数，离开动画和进入动画钩子函数的说明类似
      v-on:before-leave="beforeLeave"
      v-on:leave="leave"
      v-on:after-leave="afterLeave"
      v-on:leave-cancelled="leaveCancelled"
>
    <!-- ... -->
</transition>
```

然后，在 Vue 实例的 methods 选项中定义钩子函数的方法：

```
<script>
    const vm= Vue.createApp({
        data(){
          return{
            show:true
          }
        },
        methods: {
            //进入中
            beforeEnter: function (el) {
                //...
            },
            //当与 CSS 结合使用时
            //回调函数 done 是可选的
            enter: function (el, done) {
                //...
                done()
            },
            afterEnter: function (el) {
                //...
            },
            enterCancelled: function (el) {
                //...
            },
            //离开时
            beforeLeave: function (el) {
                //...
            },
            //当与 CSS 结合使用时
            //回调函数 done 是可选的
            leave: function (el, done) {
                //...
```

```
                done()
            },
            afterLeave: function (el) {
                //...
            },
            //leaveCancelled 只用于 v-show 中
            leaveCancelled: function (el) {
                //...
            }
        })).mount('#app');
</script>
```

这些钩子函数可以结合 CSS transitions/animations 使用，也可以单独使用。

提示：当只用 JavaScript 过渡的时候，在 enter 和 leave 中必须使用 done 进行回调，否则它们将被同步调用，过渡会立即完成。对于仅使用 JavaScript 过渡的元素，推荐添加 v-bind:css="false"，Vue 会跳过 CSS 的检测，这也可以避免在过渡过程中受 CSS 的影响。

下面使用 velocity.js 动画库结合动画钩子函数来实现一个简单例子。

【例 15.6】JavaScript 钩子函数（源代码\ch15\15.6.html）。

```html
<!--Velocity 和 jQuery.animate 的工作方式类似，也是用来实现 JavaScript 动画的一个很棒
的选择-->
<script src="velocity.js"></script>
<div id="app">
    <button @click="show = !show">登飞来峰</button>
    <transition
            v-on:before-enter="beforeEnter"
            v-on:enter="enter"
            v-on:leave="leave"
            v-bind:css="false"
    >
        <p v-if="show">
            不畏浮云遮望眼，只缘身在最高层。
        </p>
    </transition>
</div>
<script src="https://unpkg.com/vue@next"></script>
<script>
    const vm= Vue.createApp({
        data(){
          return{
            show:false
          }
        },
        methods: {
            //进入动画之前的样式
            beforeEnter: function (el) {
              //注意：动画钩子函数的第一个参数用 el 表示
              //要执行动画的那个 DOM 元素，是个原生的 JS DOM 对象
```

```
                    //可以认为，el 是通过 document.getElementById('') 方式获取到的原生 JS DO
M 对象
                    el.style.opacity = 0;
                    el.style.transformOrigin = 'left';
                },
                //进入时的动画
                enter: function (el, done) {
                    Velocity(el, { opacity: 1, fontSize: '2em' }, { duration: 300
});
                    Velocity(el, { fontSize: '1em' }, { complete: done });
                },
                //离开时的动画
                leave: function (el, done) {
                    Velocity(el, { translateX: '15px', rotateZ: '50deg' }, { durati
on: 600 });
                    Velocity(el, { rotateZ: '100deg' }, { loop: 5 });
                    Velocity(el, {
                        rotateZ: '45deg',
                        translateY: '30px',
                        translateX: '30px',
                        opacity: 0
                    }, { complete: done })
                }
            }
        }).mount('#app');
    </script>
```

运行程序，单击"登飞来峰"按钮，进入动画的效果如图 15-10 所示；再次单击"登飞来峰"按钮，离开动画的效果如图 15-11 所示。

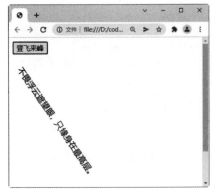

图 15-10　进入动画效果　　　　　　　　　图 15-11　离开动画效果

可以配置 velocity 动画的选项如下：

```
duration:400,              //动画执行时间
easing: "swing",           //缓动效果
queue: "",                 //队列
begin:undefined,           //动画开始时的回调函数
progress: undefined,       //动画执行中的回调函数（该函数会随着动画的执行被不断触发）
```

```
complete: undefined,      //动画结束时的回调函数
display: undefined,       //动画结束时设置元素的 css display 属性
visibility: undefined,    //动画结束时设置元素的 css visibility 属性
loop: false,              //循环次数
delay: false,             //延迟
mobileHA: true            //移动端硬件加速（默认开启）
```

15.2 初始渲染的过渡

可以通过 appear 属性设置节点在初始渲染时的过渡效果：

```
<transition appear>
  <!-- ... -->
</transition>
```

这里默认和进入/离开过渡效果一样，同样也可以自定义 CSS 类名。

```
<transition
  appear
  appear-class="custom-appear-class"
  appear-to-class="custom-appear-to-class"
  appear-active-class="custom-appear-active-class"
>
<!-- ... -->
</transition>
```

【例 15.7】appear 属性（源代码\ch15\15.7.html）。

```
<style>
    .custom-appear{
        font-size: 50px;
        color: #c65ee2;
        background: #3d9de2;
    }
    .custom-appear-to{
        color: #e26346;
        background: #488913;
    }
    .custom-appear-active{
        color: red;
        background: #CEFFCE;
        transition: all 3s ease;
    }
</style>
<div id="app">
    <transition
        appear
        appear-class="custom-appear"
        appear-to-class="custom-appear-to"
        appear-active-class="custom-appear-active"
```

```
>
      <p>野火烧冈草，断烟生石松。</p>
    </transition>
</div>
<script src="https://unpkg.com/vue@next"></script>
<script>
    const vm= Vue.createApp({  }).mount('#app');
</script>
```

运行程序，页面一加载就会执行初始渲染的过渡样式，效果如图 15-12 所示，最后恢复到没有样式的效果，如图 15-13 所示。

图 15-12　初始渲染的过渡的效果

图 15-13　没有样式的效果

还可以自定义 JavaScript 钩子函数：

```
<transition
  appear
  v-on:before-appear="customBeforeAppearHook"
  v-on:appear="customAppearHook"
  v-on:after-appear="customAfterAppearHook"
  v-on:appear-cancelled="customAppearCancelledHook"
>
  <!-- ... -->
</transition>
```

在上述代码中，无论是 appear 属性还是 v-on:appear，钩子都会生成初始渲染的过渡效果。

15.3　多个元素的过渡

最常见的多标签过渡是一个列表和描述这个列表为空消息的元素的过渡：

```
<transition>
  <table v-if="items.length > 0">
    <!-- ... -->
  </table>
  <p v-else>Sorry, no items found.</p>
</transition>
```

提示：当有相同标签名的元素进行切换时，需要通过 key 属性设置唯一的值来标识，以便 Vue 区分它们。否则 Vue 为了提高效率只会替换相同标签内部的内容。例如下面代码：

```
<transition>
  <button v-if="isEditing" key="save"> Save </button>
```

```
    <button v-else key="edit"> Edit </button>
</transition>
```

在一些场景中，也可以通过给同一个元素的键属性设置不同的状态来代替 v-if 和 v-else，上面的例子可以重写为：

```
<transition>
  <button v-bind:key="isEditing">
    {{ isEditing ? 'Save' : 'Edit' }}
  </button>
</transition>
```

使用多个 v-if 的多个元素的过渡，可以重写为绑定了动态元素对象属性的单个元素过渡。例如：

```
<transition>
  <button v-if="docState === 'saved'" key="saved">
    Edit
  </button>
  <button v-if="docState === 'edited'" key="edited">
    Save
  </button>
  <button v-if="docState === 'editing'" key="editing">
    Cancel
  </button>
</transition>
```

可以重写为：

```
<transition>
  <button v-bind:key="docState">
    {{ buttonMessage }}
  </button>
</transition>
computed: {
  buttonMessage: function () {
    switch (this.docState) {
      case 'saved': return 'Edit'
      case 'edited': return 'Save'
      case 'editing': return 'Cancel'
    }
  }
}
```

15.4 列表过渡

在使用 v-for 的场景中，如何同时渲染整个列表呢？前面介绍了使用 transition 组件实现过渡和动画效果，而渲染整个列表则使用 transition-group 组件。

transition-group 组件有以下几个特点：

（1）不同于 transition 组件，它会以一个真实元素呈现，默认为一个\<span\>。我们也可以通过 tag 属性更换为其他元素。

（2）过渡模式不可用，因为我们不再相互切换特有的元素。

（3）内部元素总是需要提供唯一的 key 属性值。

（4）CSS 过渡的类将会应用在内部的元素中，而不是这个组/容器本身。

15.4.1　列表的进入/离开过渡

下面通过一个例子来讲解如何设计列表的进入/离开过渡效果。

【例 15.8】列表的进入/离开过渡（源代码\ch15\15.8.html）。

```
<style>
    .list-item {
        display: inline-block;
        margin-right: 10px;
    }
    .list-enter-active, .list-leave-active {
        transition: all 1s;
    }
    .list-enter, .list-leave-to{
        opacity: 0;
        transform: translateY(30px);
    }
</style>
<div id="app" class="demo">
    <button v-on:click="add">添加</button>
    <button v-on:click="remove">移除</button>
    <transition-group name="list" tag="p">
        <span v-for="item in items" v-bind:key="item" class="list-item">
          {{ item }}
        </span>
    </transition-group>
</div>
<script src="https://unpkg.com/vue@next"></script>
<script>
    const vm= Vue.createApp({
        data(){
          return{
            items: [10,20,30,40,50,60,70,80,90],
            nextNum: 10
            }
        },
        methods: {
            randomIndex: function () {
                return Math.floor(Math.random() * this.items.length)
            },
            add: function () {
                this.items.splice(this.randomIndex(), 0, this.nextNum++)
```

```
        },
        remove: function () {
            this.items.splice(this.randomIndex(),1)
        }
    }
}).mount('#app');
</script>
```

运行程序，单击"添加"按钮，向数组中添加内容，触发进入效果，效果如图 15-14 所示；单击"移除"按钮删除一个数，触发离开效果，效果如图 15-15 所示。

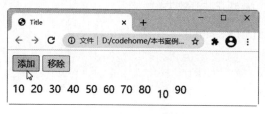

图 15-14　添加效果

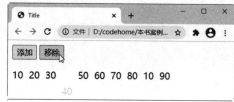

图 15-15　移除效果

这个例子有个问题，当添加和移除元素的时候，周围的元素会瞬间移动到它们的新位置，而不是平滑地过渡，在下面小节会解决这个问题。

15.4.2　列表的排序过渡

在下面的示例中，Vue 使用了一个叫 FLIP 的简单动画队列，使用其中的 transforms 将元素从之前的位置平滑过渡到新的位置。

【例 15.9】列表的排序过渡（源代码\ch15\15.9.html）。

```html
<script src="lodash.js"></script>
<style>
    .flip-list-move {
        transition: transform 1s;
    }
</style>
<div id="app" class="demo">
    <button v-on:click="shuffle">排序过渡</button>
    <transition-group name="flip-list" tag="ul">
        <li v-for="item in items" v-bind:key="item">
            {{ item }}
        </li>
    </transition-group>
</div>

<script src="https://unpkg.com/vue@next"></script>
<script>
    const vm= Vue.createApp({
        data(){
            return{
                items: [10,20,30,40,50,60,70,80,90],
```

```
            nextNum: 10
        }
    },
    methods: {
        shuffle: function () {
            this.items = _.shuffle(this.items)
        }
    }
}).mount('#app');
</script>
```

运行程序，页面加载效果如图 15-16 所示；单击"排序过渡"按钮，将会重新排列数字顺序，效果如图 15-17 所示。

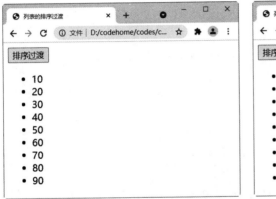

图 15-16　页面加载效果

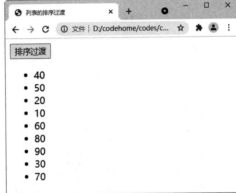

图 15-17　重新排列效果

15.4.3　列表的交错过渡

通过 data 选项与 JavaScript 通信，就可以实现列表的交错过渡。下面通过一个过滤器的示例来演示一下效果。

【例 15.10】列表的交错过渡（源代码\ch15\15.10.html）。

```
<script src="velocity.js"></script>
<div id="app" class="demo">
    <input v-model="query">
    <transition-group
        name="staggered-fade"
        tag="ul"
        v-bind:css="false"
        v-on:before-enter="beforeEnter"
        v-on:enter="enter"
        v-on:leave="leave"
    >
        <li
            v-for="(item, index) in computedList"
            v-bind:key="item.msg"
            v-bind:data-index="index"
```

```
        >{{ item.msg }}</li>
      </transition-group>
  </div>
  <script src="https://unpkg.com/vue@next"></script>
  <script>
    const vm= Vue.createApp({
      data(){
        return{
          query: '',
          list: [
              { msg: 'apple' },
              { msg: 'almond'},
              { msg: 'banana' },
              { msg: 'coconut' },
              { msg: 'date' },
              { msg: 'mango' },
              { msg: 'apricot'},
              { msg: 'banana' },
              { msg: 'bitter'}
          ]
        }
      },
      computed: {
        computedList: function () {
          var vm = this
          return this.list.filter(function (item) {
            return item.msg.toLowerCase().indexOf(vm.query.toLowerCase
())) !== -1
          })
        }
      },
      methods: {
        beforeEnter: function (el) {
          el.style.opacity = 0
          el.style.height = 0
        },
        enter: function (el, done) {
          var delay = el.dataset.index * 150
          setTimeout(function () {
            Velocity(
                el,
                { opacity: 1, height: '1.6em' },
                { complete: done }
            )
          }, delay)
        },
        leave: function (el, done) {
          var delay = el.dataset.index * 150
          setTimeout(function () {
            Velocity(
```

```
                            el,
                            { opacity: 0, height: 0 },
                            { complete: done }
                        )
                    }, delay)
                }
            }
        })).mount('#app');
</script>
```

运行程序，页面加载效果如图 15-18 所示，在文本框中输入 "a"，可以发现页面中不带 a 的选项都被过滤掉了，结果如图 15-19 所示。

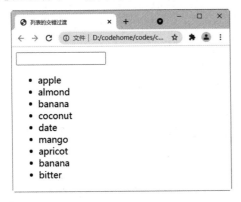

图 15-18　页面加载效果

图 15-19　过滤掉一些数据

15.5　项目实战——设计折叠菜单的过渡动画

本示例使用列表过渡的知识，设计一个折叠菜单的过渡动画，实现同时展开一级菜单和二级菜单的效果。代码如下：

```
<style type="text/css">
    #main {
        background-color:#CEFFCE;
        width: 300px;
    }
    #main ul{
        height: 9 rem;
        overflow-x: hidden;
    }
    .fade-enter-active, .fade-leave-active{
        transition: height 0.5s
    }
        .fade-enter, .fade-leave-to{
        height: 0
```

```html
        }
    </style>
    <script src="https://unpkg.com/vue@next"></script>
</head>
<body>
    <div id="main">
        <button @click="test">主页</button>
        <transition name="fade">
            <ul v-if="show">
                <li>经典课程</li>
                    <ul>
                        <li><a href="#">Python 开发课程</a></li>
                        <li><a href="#">Java 开发课程</a></li>
                        <li><a href="#">网站前端开发课程</a></li>
                     </ul>
                <li>热门技术</li>
                    <ul>
                        <li><a href="#">前端开发技术</a></li>
                        <li><a href="#">网络安全技术</a></li>
                        <li><a href="#">PHP 开发技术</a></li>
                     </ul>
                <li>畅销教材</li>
                    <ul>
                        <li><a href="#">网站前端开发教材</a></li>
                        <li><a href="#">C 语言入门教材</a></li>
                        <li><a href="#">Python 开发教材</a></li>
                     </ul>
                <li>联系我们</li>
             </ul>
        </transition>
    </div>
<script>
    const vm= Vue.createApp({
        data(){
          return{
            show: false
            }
        } ,
        methods: {
            test () {
                this.show = !this.show;
            }
        }
```

```
    }).mount('#main');
</script>
```

　　运行程序，下拉菜单的初始效果如图 15-20 所示。单击"主页"按钮，展开一级和二级下拉菜单，效果如图 15-21 所示。

图 15-20　下拉菜单的初始效果　　　　　　　图 15-21　展开下拉菜单

第16章

组件和组合 API

在前端应用程序开发中，如果所有的 Vue 实例都写在一起，必然会导致这个方法又长又不好理解。组件就解决了这个问题，它是带有名字的可复用实例，不仅可以重复使用，还可以扩展。组件是 Vue.js 最核心的功能。组件可以将一些相似的业务逻辑进行封装，重用一些代码，从而达到简化的目的。另外，Vue.js 3.x 新增了组合 API，它是一组附加的、基于函数的 API，允许灵活地组合组件逻辑。本章将重点介绍组件和组合 API 的使用方法和技巧。

16.1   组件是什么

组件是 Vue 中的一个重要概念，它是一种抽象，是一个可以复用的 Vue 实例，它拥有独一无二的组件名称，可以扩展 HTML 元素，并以组件名称的方式作为自定义的 HTML 标签。因为组件是可复用的 Vue 实例，所以它们与 new Vue()接收相同的选项，例如 data、computed、watch、methods以及生命周期钩子等。唯一的例外是 el 选项，这是只用于根实例的特有的选项。

在大多数的系统网页中都包含 header、body、footer 等部分，很多时候，同一个系统中的多个页面，可能仅仅是页面中 body 部分显示的内容不同，因此，这里就可以将系统中重复出现的页面元素设计成一个个的组件，当需要使用重复出现的页面元素的时候，引用这个组件即可。

在定义组件的时候，组件名应该设置成多个单词的组合，例如 todo-item、todo-list。但 Vue 中的内置根组件例外，例如 App、transition、component。

这样做可以避免与现有的 Vue 内置组件（App、transition、component）以及未来的 HTML 元素相冲突，因为所有的 HTML 元素的名称都是单个单词。

16.2　组件的注册

在 Vue 中创建一个新的组件之后，为了能在模板中使用，这些组件必须先进行注册，以便 Vue 能够识别。在 Vue 中有两种组件的注册类型：全局注册和局部注册。

16.2.1　全局注册

全局注册使用应用程序实例的 component()方法来注册组件。该方法有两个参数，第一个参数是组件的名称，第二个参数是函数对象或者选项对象。语法格式如下：

```
app.component({string}name,{Function|Object} definition(optional))
```

因为组件最后会被解析成自定义的 HTML 代码，因此，可以直接在 HTML 中使用组件名称作为标签来使用。

【例 16.1】全局注册组件（源代码\ch16\16.1.html）。

```
<div id="app">
    <!--使用 my-component 组件-->
    <my-component></my-component>
</div>
<script src="https://unpkg.com/vue@next"></script>
<script>
    const vm= Vue.createApp({});
    vm.component('my-component', {
        data(){
          return{
            message:"梧桐更兼细雨，到黄昏、点点滴滴。"
          }
        },
        template: '<div><h2>{{message}}</h2></div>'
        });
    vm.mount('#app');
</script>
```

运行程序，按 F12 键打开控制台，并切换到"Elements"选项，效果如图 16-1 所示。

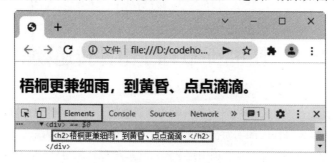

图 16-1　全局注册组件

16.2.2　局部注册

有些时候，注册的组件只想在一个 Vue 实例中使用，这时可以使用局部注册的方式来注册组件。在 Vue 实例中，可以通过 components 选项注册仅在当前实例作用域下可用的组件。

【例 16.2】局部注册组件（源代码\ch16\16.2.html）。

```
<div id="app">
        商品销量: <button-counter></button-counter>台。
</div>
<script src="https://unpkg.com/vue@next"></script>
<script>
    const MyComponent = {
        data() {
            return {
                num: 1000
            }
        },
        template:'<button v-on:click="num++">
                    {{ num }}
                </button>'
    }
    const vm= Vue.createApp({
        components: {
            ButtonCounter: MyComponent
        }
    });
    vm.mount('#app');
</script>
```

运行程序，单击数字按钮，按钮上的数字将会逐步递增，效果如图 16-2 所示。

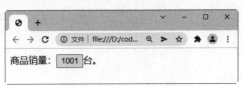

图 16-2　局部注册组件

16.3　使用 prop 向子组件传递数据

组件是当作自定义元素来使用的，而元素一般是有属性的，同样组件也可以有属性。在使用组件时，给元素设置属性，那么组件内部如何接收呢？首先需要在组件内容中注册一些自定义的属性，称为 prop，这些 prop 是放在组件的 props 选项中定义的；之后，在使用组件时，就可以把这些 prop 的名字作为元素的属性名来使用，通过属性向组件传递数据，这些数据将作为组件实例的属性被使用。

16.3.1　prop 基本用法

下面看一个示例，使用 prop 属性向子组件传递数据，这里传递"三杯两盏淡酒，怎敌他、晚来风急！"，在子组件的 props 选项中接收 prop 属性，然后使用差值语法在模板中渲染 prop 属性。

【例 16.3】使用 prop 属性向子组件传递数据（源代码\ch16\16.3.html）。

```
<div id="app">
    <blog-content date-title="三杯两盏淡酒，怎敌他、晚来风急！"></blog-content>
</div>
<script src="https://unpkg.com/vue@next"></script>
<script>
    const vm= Vue.createApp({});
    vm.component('blog-content', {
        props: ['dateTitle'],
        //date-title 就像 data 定义的数据属性一样
        template: '<h3>{{ dateTitle }}</h3>',
        //在该组件中可以使用"this.dateTitle"这种形式调用 prop 属性
        created(){
            console.log(this.dateTitle);
        }
    });
    vm.mount('#app');
</script>
```

运行程序，效果如图 16-3 所示。

图 16-3　使用 prop 属性向子组件传递数据

在本示例中，使用 prop 属性向子组件传递了字符串值，还可以传递数字。这只是它的一个简单的使用。通常情况下还可以使用 v-bind 来传递动态的值，传递数组和对象时也需要使用 v-bind 指令。

修改【例 16.3】，在 Vue 实例中定义 title 属性，传递到子组件中去。

【例 16.4】传递 title 属性到子组件（源代码\ch16\16.4.html）。

```
<div id="app">
    <blog-content v-bind:date-title="content"></blog-content>
</div>
<script src="https://unpkg.com/vue@next"></script>
<script>
    const vm= Vue.createApp({
        //该函数返回数据对象
        data(){
            return{
                content:"繁紫韵松竹，远黄绕篱落。"
```

```
            }
        }
    });
    vm.component('blog-content', {
        props: ['dateTitle'],
        template: '<h3>{{ dateTitle }}</h3>',
    });
    vm.mount('#app');
</script>
```

运行程序，效果如图 16-4 所示。

图 16-4　传递 title 属性到子组件

通常情况下 prop 属性多用于组件向组件传递数据。下面创建两个组件，在页面中渲染其中一个组件，而在这个组件中使用另外一个组件，并传递 title 属性。

【例 16.5】组件之间传递数据（源代码\ch16\16.5.html）。

```
<div id="app">
    <!--使用 blog-content 组件-->
    <blog-content></blog-content>
</div>
<script src="https://unpkg.com/vue@next"></script>
<script>
    const vm= Vue.createApp({ });
    vm.component('blog-content', {
        //使用 blog-title 组件，并传递 content
        template: '<div><blog-title v-bind:date-title="title"></blog-title></div>',
        data:function(){
            return{
                title:"湖光秋月两相和，潭面无风镜未磨。"
            }
        }
    });
    vm.component('blog-title', {
        props: ['dateTitle'],
        template: '<h3>{{ dateTitle }}</h3>',
    });
    vm.mount('#app');
</script>
```

运行程序，效果如图 16-5 所示。

图 16-5 组件之间传递数据

如果组件需要传递多个值，可以定义多个 prop 属性。

【例 16.6】传递多个值（源代码\ch16\16.6.html）。

```
<div id="app">
    <!--使用 blog-content 组件-->
    <blog-content></blog-content>
</div>
<script src="https://unpkg.com/vue@next"></script>
<script>
     const vm= Vue.createApp({ });
    vm.component('blog-content', {
        //使用 blog-title 组件，并传递 content
        template: '<div><blog-title :name="name" :price="price" :city="city">
</blog-title></div>',
        data:function(){
            return{
                name:"洗衣机",
                price:"6880 元",
               city:"上海"
            }
        }
    });
    vm.component('blog-title', {
        props: ['name','price','city'],
        template: '<ul><li>{{name}}</li><li>{{price}}</li><li>{{city}}</li></
ul> ',
    });
     vm.mount('#app');
</script>
```

运行程序，效果如图 16-6 所示。

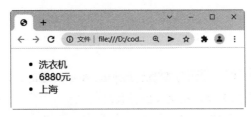

图 16-6 传递多个值

上述示例代码中，以字符串数组形式列出多个 prop 属性：

```
props: ['name','price','city'],
```

但是，通常希望每个 prop 属性都有指定的值类型。这时，可以以对象的形式列出 prop 属性，这些 property 的名称和值分别是 prop 各自的名称和类型，例如：

```
props: {
    name: String,
    price: String,
    city: String,
}
```

16.3.2　单向数据流

所有的 prop 属性，传递数据都是单向的。父组件的 prop 属性的更新会向下流动到子组件中，但是反过来则不行。这样可以防止从子组件意外变更父组件的数据，从而导致应用的数据流向难以理解。

此外，每次父组件发生变更时，子组件中所有的 prop 属性都将刷新为最新的值。这意味着不应该在一个子组件内部改变 prop 属性。如果这样做，Vue 会在浏览器的控制台中发出警告。

有两种情况可能需要改变组件的 prop 属性。第一种情况是定义一个 prop 属性，以方便父组件传递初始值，在子组件内将这个 prop 作为一个本地的 prop 数据来使用。遇到这种情况，解决办法是在本地的 data 选项中定义一个属性，然后将 prop 属性值作为其初始值，后续操作只访问这个 data 属性。代码如下：

```
props: ['initDate'],
data: function () {
  return {
    title: this.initDate
  }
}
```

第二种情况是 prop 属性接收数据后需要转换后才能使用。这种情况可以使用计算属性来解决。代码如下：

```
props: ['size'],
computed: {
  nowSize:function(){
    return this.size.trim().toLowerCase()
  }
}
```

16.3.3　prop 验证

当开发一个可复用的组件时，父组件希望通过 prop 属性传递的数据类型要符合要求。例如，组件定义的 prop 属性是一个对象类型，结果父组件传递的是一个字符串的值，这明显不合适。因此，Vue.js 提供了 prop 属性的验证规则，在定义 props 选项时，使用一个带验证需求的对象来代替之前使用的字符串数组（props: ['name','price','city']）。代码如下：

```
vm.component('my-component', {
    props: {
```

```
        //基础的类型检查 ('null'和'undefined'会通过任何类型的验证)
        name: String,
        //多个可能的类型
        price: [String, Number],
        //必填的字符串
        city: {
            type: String,
            required: true
        },
        //带有默认值的数字
        prop1: {
            type: Number,
            default: 100
        },
        //带有默认值的对象
        prop2: {
            type: Object,
            //对象或数组默认值必须从一个工厂函数获取
            default: function () {
                return { message: 'hello' }
            }
        },
        //自定义验证函数
        prop3: {
            validator: function (value) {
                //这个值必须匹配下列字符串中的一个
                return ['success', 'warning', 'danger'].indexOf(value) !== -1
            }
        }
    }
})
```

为组件的 prop 指定验证要求后，如果有一个需求没有被满足，则 Vue 会在浏览器控制台中发出警告。

上面代码验证的 type 可以是下面原生构造函数中的任何一个：

```
String
Number
Boolean
Array
Object
Date
Function
Symbol
```

另外，type 还可以是一个自定义的构造函数，并且通过 instanceof 来进行检查确认。例如，给定下列现成的构造函数：

```
function Person (firstName, lastName) {
    this.firstName = firstame
    this.lastName = lastName
```

```
    }
```

可以通过以下代码验证 name 的值是否通过 new Person 创建。

```
vm.component('blog-content', {
    props: {
        name: Person
    }
})
```

16.3.4 非 prop 的属性

在使用组件的时候，父组件可能会向子组件传入非 prop 的属性值，这样也是可以的。组件可以接收任意的属性，而这些外部设置的属性会被添加到子组件的根元素上。

【例 16.7】非 prop 的属性（源代码\ch16\16.7.html）。

```
<style>
    .bg1{
        background: #C1FFE4;
    }
    .bg2{
        width: 300px;
    }
</style>
<div id="app">
    <!--使用 blog-content 组件-->
    <input-con class="bg2" type="text"></input-con>
</div>
<script src="https://unpkg.com/vue@next"></script>
<script>
    const vm= Vue.createApp({ });
    vm.component('input-con', {
        template: '<input class="bg1">',
    });
    vm.mount('#app');
</script>
```

运行程序，输入"柳汀斜对野人窗，零落衰条傍晓江。"，打开控制台，效果如图 16-7 所示。

图 16-7 非 prop 的属性

从示例中可以看出，input-con 组件没有定义任何的 prop，根元素是<input>，在 DOM 模板中使用<input-con>元素时设置了 type 属性，这个属性将被添加到 input-con 组件的根元素 input 上，渲染
结果为<input type="text">。另外，在 input-con 组件的模板中还使用了 class 属性 bg1，同时在 DOM
模板中也设置了 class 属性 bg2，在这种情况下，两个 class 属性的值会被合并，最终渲染的结果为
<input class="bg1 bg2" type="text">。

要注意的是，只有 class 和 style 属性的值会合并，对于其他属性而言，从外部提供给组件的值
会替换掉组件内部设置好的值。假设 input-con 组件的模板是<input type="text">，如果父组件传入
type="password"，就会替换掉 type="text"，最后渲染结果就变成了<input type="password">。

修改【例 16.7】的部分代码如下：

```
<div id="app">
    <!--使用 blog-content 组件-->
    <input-con class="bg2" type=" password "></input-con>
</div>
```

运行程序，然后输入"12345678"，可以发现 input 的类型为"password"，效果如图 16-8 所示。

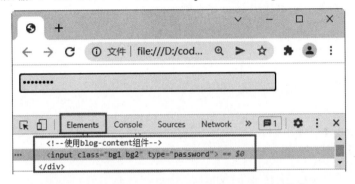

图 16-8 外部组件的值替换掉组件内部设置好的值

如果不希望组件的根元素继承外部设置的属性，可以在组件的选项中设置 inheritAttrs: false。例
如修改【例 16.7】的部分代码如下：

```
Vue.component('input-con', {
    template: '<input class="bg1" type="text">',
    inheritAttrs: false,
});
```

再次运行项目，可以发现父组件传递的 type="password"，子组件并没有继承。

16.4 子组件向父组件传递数据

前面介绍了父组件通过 prop 属性向子组件传递数据，那子组件如何向父组件传递数据呢？本节
将重点介绍子组件向父组件传递数据的具体实现。

16.4.1 监听子组件事件

在 Vue 中可以通过自定义事件来实现子组件向父组件传递数据。子组件使用$emit()方法触发事件，父组件使用 v-on 指令监听子组件的自定义事件。$emit()方法的语法格式如下：

```
vm.$emit(myEvent, [···args])
```

参数说明：

- myEvent：是自定义的事件名称。
- args：是附加参数，这些参数会传递给监听器的回调函数。

如果要向父组件传递数据，就可以通过第二个参数来传递。

【例 16.8】子组件向父组件传递数据（源代码\ch16\16.8.html）。

这里定义 1 个子组件,子组件的按钮接收到 click 事件后,调用$emit()方法触发一个自定义事件。在父组件中使用子组件时，可以使用 v-on 指令监听自定义的 date 事件。

```html
<div id="app">
    <parent></parent>
</div>
<script src="https://unpkg.com/vue@next"></script>
<script>
    const vm= Vue.createApp({ });
    vm.component('child', {
      data:function () {
          return{
              info:{
                  name:"手机",
                  price:"2998 元",
                  city:"广州"
              }
          }
      },
      methods:{
          handleClick(){
              //调用实例的$emit()方法触发自定义事件 greet，并传递 info
              this.$emit("date",this.info)
          },
      },
      template:'<button v-on:click="handleClick">显示子组件的数据</button>'
    });
    vm.component('parent', {
    data:function(){
      return{
          name:'',
          price:'',
          city:'',
      }
    },
```

```
        methods:{
            //接收子组件传递的数据
            childDate(info){
                this.name=info.name;
                this.price=info.price;
                this.city=info.city;
            }
        },
        template:
            '<div>
                <child v-on:date="childDate"></child>
                <ul>
                    <li>{{name}}</li>
                    <li>{{price}}</li>
                    <li>{{city}}</li>
                </ul>
            </div>'
    });
    vm.mount('#app');
</script>
```

运行程序，单击"显示子组件的数据"按钮，将显示子组件传递过来的数据，效果如图 16-9 所示。

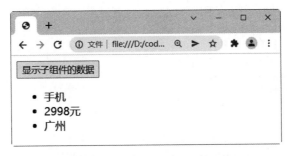

图 16-9　子组件向父组件传递数据

16.4.2　将原生事件绑定到组件

在组件的根元素上可以直接监听一个原生事件，使用 v-on 指令时添加一个.native 修饰符即可。例如：

```
<base-input v-on:focus.native="onFocus"></base-input>
```

在有的时候这是很有用的，不过在尝试监听一个类似<input>的非常特定的元素时，这并不是个好主意。例如 base-input 组件可能做了如下重构，所以根元素实际上是一个<label>元素：

```
<label>
  {{ label }}
  <input
    v-bind="$attrs"
    v-bind:value="value"
    v-on:input="$emit('input', $event.target.value)"
```

```
    >
</label>
```

这时父组件的.native 监听器将静默失败，它不会产生任何报错，但是 onFocus 处理函数不会如预期那样被调用。

为了解决这个问题，Vue 提供了一个$listeners 属性，它是一个对象，里面包含了作用在这个组件上的所有监听器。例如：

```
{
  focus: function (event) { /* ... */ }
  input: function (value) { /* ... */ },
}
```

有了这个$listeners 属性，就可以配合 v-on="$listeners"将所有的事件监听器指向这个组件的某个特定的子元素。对于那些需要 v-model 的元素（如 input）来说，可以为这些监听器创建一个计算属性，例如下面代码中的 inputListeners。

```
vm.component('base-input', {
  inheritAttrs: false,
  props: ['label', 'value'],
  computed: {
    inputListeners: function () {
      var vm = this
      //Object.assign 将所有的对象合并为一个新对象
      return Object.assign({},
        //从父级添加所有的监听器
        this.$listeners,
        //然后我们添加自定义监听器
        //或重写一些监听器的行为
        {
          //这里确保组件配合 v-model 的工作
          input: function (event) {
            vm.$emit('input', event.target.value)
          }
        }
      )
    }
  },
  template:
    '<label>
      {{ label }}
      <input
        v-bind="$attrs"
        v-bind:value="value"
        v-on="inputListeners"
      >
    </label>'
})
```

现在 base-input 组件是一个完全透明的包裹器了，也就是说，它可以完全像一个普通的<input>

元素一样使用，所有跟它相同的属性和监听器都可以工作，不必再使用.native 修饰符。

16.4.3 .sync 修饰符

在有些情况下，可能需要对一个 prop 属性进行双向绑定。不幸的是，真正的双向绑定会带来维护上的问题，因为子组件可以变更父组件，且父组件和子组件都没有明显的变更来源。Vue.js 推荐以 update:myPropName 模式触发事件来实现对一个 prop 属性进行双向绑定。

【例 16.9】设计购物的数量（源代码\ch16\16.9.html）。

其中子组件代码如下：

```
vm.component('child', {
    data:function () {
        return{
            count:this.value
        }
    },
    props:{
      value:{
          type:Number,
          default:0
      }
    },
    methods:{
        handleClick(){
            this.$emit("update:value",++this.count)
        },
    },
    template:
        '<div>
            <sapn>子组件：购买{{value}}件</sapn>
            <button v-on:click="handleClick">增加</button>
        </div>'
});
```

在这个子组件中有一个 prop 属性 value，在按钮的 click 事件处理器中，调用$emit()方法触发 update:value 事件，并将加 1 后的计数值作为事件的附加参数。

父组件代码如下：

```
<div id="app">
    父组件：购买{{counter}}件
    <child v-bind:value="counter" v-on:update:value="counter=$event"></child>
</div>
<script src="https://unpkg.com/vue@next"></script>
<script>
    const vm= Vue.createApp({
        data(){
            return{
```

```
                    counter:0
                }
            }
        });
        vm.mount('#app');
</script>
```

其中$event 是自定义事件的附加参数。在父组件中，使用 v-on 指令监听 update:value 事件，接收子组件传来的数据，然后使用 v-bind 指令绑定子组件的 prop 属性 value，给子组件传递父组件的数据，这样就实现了双向数据绑定。

运行程序，单击 6 次"增加"按钮，可以看到父组件和子组件中购买数量是同步变化的，如图 16-10 所示。

图 16-10　同步更新父组件和子组件的数据

为了方便起见，Vue 2.x 为 prop 属性的双向绑定提供了一个缩写，即.sync 修饰符，修改【例 16.9】中的<child>代码：

```
<child v-bind:value.sync="counter"></child>
```

注意：带有.sync 修饰符的 v-bind 不能和表达式一起使用。例如：

```
v-bind:value.sync="doc.title+'!' "
```

上面代码是无效的，只能提供想要绑定的属性名，类似 v-model。

当用一个对象同时设置多个 prop 属性时，也可以将.sync 修饰符和 v-bind 配合使用：

```
<child v-bind.sync="doc"></child >
```

这样会把 doc 对象中的每一个属性都作为一个独立的 prop 传递进去，然后各自添加用于更新的 v-on 监听器。

提示：如果将 v-bind.sync 用在一个字面量的对象上，例如 v-bind.sync="title:doc.title"，则它是无法正常工作的。

16.5　插槽

组件是当作自定义的 HTML 元素来使用的，元素可以包括属性和内容，通过组件定义的 prop 来接收属性值，那对于组件的内容应该怎么实现呢？可以使用插槽（slot 元素）来解决。

16.5.1 插槽的基本用法

定义一个组件：

```
vm.component('page', {
    template:`<div><slot></slot></div>`
});
```

在 page 组件中，div 元素内容定义了 slot 元素，可以把它理解为占位符。

在 Vue 实例中使用这个组件：

```
<div id="app">
    <page>如今直上银河去，同到牵牛织女家。</page>
</div>
```

page 元素给出了内容，在渲染组件时，这个内容会置换组件内部的<slot>元素。

运行程序，渲染的结果如图 16-11 所示。

图 16-11　插槽的基本用法

如果 page 组件中没有 slot 元素，则<page>元素中的内容将不会被渲染到页面。

16.5.2 编译作用域

当想通过插槽向组件传递动态数据时，例如：

```
<page>欢迎来到{{name}}的官网</page>
```

name 属性是在父组件作用域下解析的，而不是 page 组件的作用域，而在 page 组件中定义的属性，在父组件是访问不到的，这就是编译作用域。

作为一条规则必须记住：父组件模板里的所有内容都是在父级作用域中编译的；子组件模板里的所有内容都是在子作用域中编译的。

16.5.3 默认内容

有时为一个插槽设置默认内容是很有用的，它只会在没有提供内容的时候被渲染。例如在一个 submit-button 组件中：

```
<button type="submit">
  <slot></slot>
```

```
</button>
```

如果希望这个 button 组件在绝大多数情况下都渲染文本"Submit"，那么可以将"Submit"作为默认内容，将它放在<slot>标签内：

```
<button type="submit">
  <slot>Submit</slot>
</button>
```

现在在一个父组件中使用<submit-button>并且不提供任何插槽内容：

```
<submit-button></submit-button>
```

默认内容"Submit"将会被渲染：

```
<button type="submit">
  Submit
</button>
```

但是如果提供内容：

```
<submit-button>
  提交
</submit-button>
```

则这个提供的内容将会替换掉默认值"Submit"，渲染如下：

```
<button type="submit">
  提交
</button>
```

【例 16.10】设置插槽的默认内容（源代码\ch16\16.10.html）。

```
<div id="app">
    <page>流年莫虚掷，华发不相容。</page>
</div>
<script src="https://unpkg.com/vue@next"></script>
<script>
    const vm= Vue.createApp({ });
    vm.component('page', {
        template:'<button type="submit">
                    <slot>Submit</slot>
                  </button>'
    });
    vm.mount('#app');
</script>
```

运行程序，渲染的结果如图 16-12 所示。

图 16-12　设置插槽的默认内容

16.5.4　命名插槽

在组件开发中，有时需要使用多个插槽。例如对于一个带有如下模板的 page-layout 组件：

```
<div class="container">
  <header>
    <!-- 我们希望把页头放这里 -->
  </header>
  <main>
    <!-- 我们希望把主要内容放这里 -->
  </main>
  <footer>
    <!-- 我们希望把页脚放这里 -->
  </footer>
</div>
```

对于这样的情况，<slot>元素有一个特性 name，用它来命名插槽。因此可以定义多个名字不同的插槽，例如下面代码：

```
<div class="container">
  <header>
    <slot name="header"></slot>
  </header>
  <main>
    <slot></slot>
  </main>
  <footer>
    <slot name="footer"></slot>
  </footer>
</div>
```

一个不带 name 的<slot>元素，它的默认名字为 default。

在向命名插槽提供内容的时候，可以在一个<template>元素上使用 v-slot 指令，并以 v-slot 的参数的形式提供其名称：

```
<page-layout>
```

```
<template v-slot:header>
    <h1>这里有一个页面标题</h1>
</template>
<p>这里有一段主要内容</p>
<p>和另一个主要内容</p>
<template v-slot:footer>
    <p>这是一些联系方式</p>
</template>
</page-layout>
```

现在<template>元素中的所有内容都将被传入相应的插槽。任何没有被包裹在带有 v-slot 的 <template>中的内容，都会被视为默认插槽的内容。

然而，如果希望更明确一些，仍然可以在一个<template>中包裹默认命名插槽的内容：

```
<page-layout>
    <template v-slot:header>
        <h1>这里有一个页面标题</h1>
    </template>
    <template v-slot:default>
        <p>这里有一段主要内容</p>
        <p>和另一个主要内容</p>
    </template>
    <template v-slot:footer>
        <<p>这是一些联系方式</p>
    </template>
</page-layout>
```

上面两种写法都会渲染出如下代码：

```
<div class="container">
    <header>
        <h3>这里有一个页面标题</h3>
    </header>
    <main>
        <p>这里有一段主要内容</p>
        <p>和另一个主要内容</p>
    </main>
    <footer>
        <p>这是一些联系方式</p>
    </footer>
</div>
```

【例 16.11】命名插槽（源代码\ch16\16.11.html）。

```
<div id="app">
    <page-layout>
        <template v-slot:header>
            <h2 align='center'>书河上亭壁</h2>
        </template>
        <template v-slot:main>
            <h3>岸阔樯稀波渺茫，独凭危槛思何长。</h3>
            <h3>萧萧远树疏林外，一半秋山带夕阳。</h3>
```

```
        </template>
        <template v-slot:footer>
            <p align='right'>经典古诗</p>
        </template>
    </page-layout>
</div>
<script src="https://unpkg.com/vue@next"></script>
<script>
    const vm= Vue.createApp({ });
    vm.component('page-layout', {
        template:
            '<div class="container">
                <header>
                    <slot name="header"></slot>
                </header>
                <main>
                    <slot name="main"></slot>
                </main>
                <footer>
                    <slot name="footer"></slot>
                </footer>
            </div>'
    });
    vm.mount('#app');
</script>
```

运行程序，效果如图 16-13 所示。

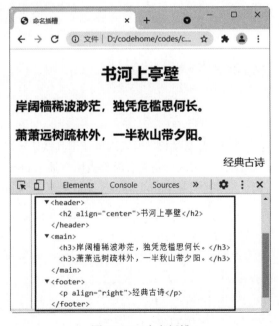

图 16-13　命名插槽

16.5.5　作用域插槽

在父级作用域下，在插槽的内容中是无法访问到子组件的数据属性的，但有时候需要在父级的插槽内容中访问子组件的数据，可以在子组件的<slot>元素上使用 v-bind 指令绑定一个 prop 属性。

有如下的组件代码：

```
vm.component('page-layout', {
    data:function(){
      return{
        info:{
            name:'小明',
            age:18,
            sex:"男"
        }
      }
    },
    template:
      '<button>
        <slot v-bind:values="info">
            {{info.name}}
        </slot>
      </button>'
});
```

这个按钮可以显示 info 对象中的任意一个，为了让父组件可以访问 info 对象，在<slot>元素上使用 v-bind 指令绑定一个 values 属性，称为插槽 prop，这个 prop 不需要在 props 选项中声明。

在父级作用域下使用该组件时，可以给 v-slot 指令一个值来定义组件提供的插槽 prop 的名字。代码如下：

```
<page-layout>
    <template v-slot:default="slotProps">
        {{slotProps.values.name}}
    </template>
</page-layout>
```

因为 page-layout 组件内的插槽是默认插槽，所以这里使用其默认的名字 default。然后给出一个名字 slotProps，这个名字可以随便取，代表的是包含组件内所有插槽 prop 的一个对象，这样就可以在父组件中利用这个对象访问子组件的插槽 prop。values prop 是绑定到 info 数据属性上的，所以可以进一步访问 info 的内容。

【例 16.12】访问插槽的内容（源代码\ch16\16.12.html）。

```
<div id="app">
    <page-layout>
        <template v-slot:default="slotProps">
            {{slotProps.values.city}}
        </template>
    </page-layout>
</div>
```

```
<script src="https://unpkg.com/vue@next"></script>
<script>
    const vm= Vue.createApp({ });
    vm.component('page-layout', {
        data:function(){
            return{
                info:{
                    name:'苹果',
                    price:8.86,
                    city:"深圳"
                }
            }
        },
        template:
            '<button>
                <slot v-bind:values="info">
                    {{info.city}}
                </slot>
            </button>'
    });
    vm.mount('#app');
</script>
```

运行程序，效果如图 16-14 所示。

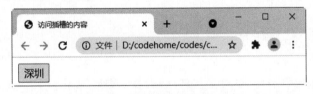

图 16-14　访问插槽的内容

16.5.6　解构插槽 prop

作用域插槽的内部工作原理是将插槽内容包括在一个传入单个参数的函数里：

```
function (slotProps) {  //插槽内容
}
```

这意味着 v-slot 的值实际上可以是任何能够作为函数定义中的参数的 JavaScript 表达式。所以在支持的环境下（单文件组件或现代浏览器），也可以使用 ES2015 解构来传入具体的插槽 prop，代码如下：

```
<current-verse v-slot="{ verse }">
  {{ verse.firstContent }}
</current-user>
```

这样可以使模板更简洁，尤其是在该插槽提供了多个 prop 的时候。它同样开启了 prop 重命名等其他可能，例如将 verse 重命名为 poetry：

```
<current-verse v-slot="{ verse: poetry }">
  {{ poetry.firstContent }}
</current-verse>
```

甚至可以定义默认的内容，用于插槽 prop 是未定义的情形：

```
<current-verse v-slot="{ verser = { firstContent: '古诗' } }">
  {{ verse.Content}}
</current-verser>
```

【例 16.13】解构插槽 prop（源代码\ch16\16.13.html）。

```
<div id="app">
    <current-verse>
        <template v-slot="{verse:poetry}">
            {{poetry.firstContent }}
        </template>
    </current-verse>
</div>
<script src="https://unpkg.com/vue@next"></script>
<script>
    const vm= Vue.createApp({ });
    vm.component('currentVerse', {
        template: ' <span><slot :verse="verse">{{ verse.lastContent }}</slot></span>',
        data:function(){
            return {
                verse: {
                    firstContent: '此心随去马，迢递过千峰。',
                    secondContent: '野渡波摇月，空城雨霁钟。'
                }
            }
        }
    });
    vm.mount('#app');
</script>
```

运行程序，效果如图 16-15 所示。

图 16-15　解构插槽 prop

16.6　什么是组合 API

通过创建 Vue 组件，可以将接口的可重复部分及其功能提取到可重用的代码段中，从而提高应用程序的可维护性和灵活性。随着应用程序越来越复杂，拥有几百个组件的应用程序仅仅依靠组件越来越难以满足共享和重用代码的需求。

用组件的选项（data、computed、methods、watch）组织逻辑在大多数情况下都有效。然而，当组件变得更大时，逻辑关注点的列表也会增长。这可能会导致组件难以阅读和理解，尤其是对于那些一开始就没有编写这些组件的人来说。这种碎片化使得理解和维护复杂组件变得困难。选项的分离掩盖了潜在的逻辑问题。此外，在处理单个逻辑关注点时，用户必须不断地"跳转"相关代码的选项块。如何才能将同一个逻辑关注点的相关代码配置在一起？这正是组合 API 要解决的问题。

Vue.js 3.x 新增的组合 API 为用户组织组件代码提供了更大的灵活性。现在，可以将代码编写成函数，每个函数处理一个特定的功能，而不再需要按选项组织代码了。组合 API 还使在组件之间甚至外部组件之间提取和重用逻辑变得更加简单。

组合 API 可以和 TypeScript 更好地集成，因为组合 API 是一套基于函数的 API。同时，组合 API 也可以和现有的、基于选项的 API 一起使用。不过需要特别注意的是，组合 API 会在选项（data、computed 和 methods）之前解析，所以组合 API 是无法访问这些选项中定义的属性的。

16.7　setup()函数

setup()函数是一个新的组件选项，它是组件内部使用组合 API 的入口点。新的 setup()函数在创建组件之前执行，一旦 props 被解析，就充当合成 API 的入口点。对于组件的生命周期钩子，setup()函数在 beforeCreate 钩子之前被调用。

setup()是一个接收 props 和 context 的函数，而且接收的 props 对象是响应式的，在组件外部传入新的 prop 值时，props 对象会更新，可以调用相应的方法监听该对象并对修改做出响应。

【例 16.14】setup()函数（实例文件：源代码\ch16\16.14.html）。

```html
<div id="app">
    <post-item :post-content="content"></post-item>
</div>
<script src="https://unpkg.com/vue@next"></script>
<script>
    const vm= Vue.createApp({
            data(){
                return {
                    content: '月浅灯深，梦里云归何处寻。'
                }
            }
    });
    vm.component('PostItem', {
            //声明 props
```

```
        props: ['postContent'],
        setup(props){
            Vue.watchEffect(() => {
                console.log(props.postContent);
            })
        },
        template: '<h3>{{ postContent }}</h3>'
    });
    vm.mount('#app');
</script>
```

运行程序，效果如图 16-16 所示。

图 16-16 setup()函数

注意：由于在执行 setup()函数时尚未创建组件实例，因此在 setup()函数中没有 this。这意味着，除了 props 之外，用户将无法访问组件中声明的任何属性本地状态、计算属性或方法。

16.8 响应式 API

Vue.js 3.x 的核心功能主要是通过响应式 API 实现的，组合 API 将它们公开为独立的方法。

16.8.1 reactive()方法和 watchEffect()方法

下面代码中为 Vue.js 3.x 中的响应式对象：

```
setup(){
  const name = ref('test')
  const state = reactive({ list: []})
  return {
      name,
      state
  }
}
```

Vue.js 3.x 提供了一种创建响应式对象的 reactive()方法，其内部利用了 Proxy API 来实现的，特别是借助 handler 的 set 方法，可以与实现双向数据绑定相关的逻辑，这对于 Vue.js 2.x 中的 Object.defineProperty()来说是很大的改变。

（1）Object.defineProperty()只能单一地监听已有属性的修改或者变化，无法检测到对象属性的新增或删除，而 Proxy 则可以轻松实现。

（2）Object.defineProperty()无法监听数组类型的属性值的变化，而 Proxy 则可以轻松实现。例如，监听数组的变化：

```
let arr = [1]
let handler = {
    set:(obj,key,value)=>{
        console.log('set')
        return Reflect.set(obj, key, value);
    }
}
let p = new Proxy(arr,handler)
p.push(2)
```

watchEffect()方法类似于 Vue.js 2.x 中的 watch 选项，该方法接收一个函数作为参数，会立即运行该函数，同时响应式地跟踪其依赖项，并在依赖项发生修改时重新运行该函数。

【例 16.15】reactive()方法和 watchEffect()方法（源代码\ch16\16.15.html）。

```
<div id="app">
    <post-item :post-content="content"></post-item>
</div>
<script src="https://unpkg.com/vue@next"></script>
<script>
    const {reactive, watchEffect} = Vue;
    const state = reactive({
        count: 0
    });
    watchEffect(() => {
        document.body.innerHTML = '商品库存为： ${state.count}台。'
    })
</script>
```

运行程序，页面初始状态如图 16-17 所示。按 F12 键打开控制台，并切换到 Console 选项，输入"state.count=1000"后按 Enter 键，效果如图 16-18 所示。

图 16-17　页面初始状态

图 16-18　响应式对象的依赖跟踪

16.8.2　ref()方法

reactive()方法为一个 JavaScript 对象创建响应式代理。如果需要为一个原始值创建一个响应式的数据对象，可以通过 ref()方法来实现。该方法接受一个原始值，返回一个响应式对象，而且该对象只包含一个.value 属性。

【例 16.16】ref()方法（源代码\ch16\16.16.html）。

```
<div id="app">
    <post-item :post-content="content"></post-item>
</div>
<script src="https://unpkg.com/vue@next"></script>
<script>
    const {ref, watchEffect} = Vue;
    const state = ref(0)
    watchEffect(() => {
        document.body.innerHTML = '商品库存为：${state.value}台。'
    })
</script>
```

运行程序，按 F12 键打开控制台，并切换到"Console"选项，输入"state.value = 8888"后按 Enter 键，效果如图 16-19 所示。这里需要修改 state.value 的值，而不是直接修改 state 对象。

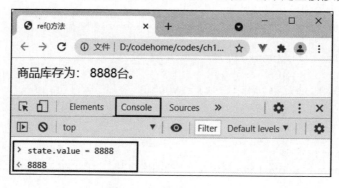

图 16-19　使用 ref()方法

16.8.3　readonly()方法

有时候仅仅需要跟踪相应对象，而不希望应用程序对该对象进行修改。此时，可以通过 readonly()方法为原始对象创建一个只读属性，从而防止该对象在注入的地方发生变化，以此来提供程序的安全性。例如以下代码：

```
import {readonly} from 'vue'
export default {
    name: 'App',
    setup() {
        //readonly:用于创建一个只读的数据，并且是递归只读
        let state = readonly({name:'李梦', attr:{age:28, height: 1.88}});
        function myFn() {
            state.name = 'zhangxiaoming';
            state.attr.age = 36;
            state.attr.height = 1.66;
            console.log(state); //数据并没有变化
        }
```

```
        return {state, myFn};
    }
}
```

16.8.4　computed()方法

computed()方法主要用于创建依赖于其他状态的计算属性，该方法接收一个 getter 函数，并为 getter 的返回值返回一个不可变的响应式对象。

【例 16.17】computed()方法（源代码\ch16\16.17.html）。

```
<div id="app">
    <p>原始字符串：{{ message }}</p>
    <p>反转字符串：{{ reversedMessage }}</p>
</div>
<script src="https://unpkg.com/vue@next"></script>
<script>
    const {ref, computed} = Vue;
    const vm = Vue.createApp({
        setup(){
            const message = ref('人世几回伤往事，山形依旧枕寒流');
            const reversedMessage = computed(() =>
                message.value.split('').reverse().join('')
            );
            return {
                message,
                reversedMessage
            }
        }
    }).mount('#app');
</script>
```

运行程序，效果如图 16-20 所示。

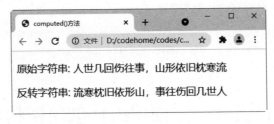

图 16-20　computed()方法

16.8.5　watch()方法

watch()方法需要监听特定的数据源，并在单独的回调函数中应用。当被监听的数据源发生变化时，才会调用回调函数。

例如下面的代码监听普通类型的对象：

```
let count = ref(1);
const changeCount = () => {
    count.value+=1
```

```
};
watch(count, (newValue, oldValue) => { //直接监听
   console.log("count 发生了变化！");
});
```

watch()方法还可以监听响应式对象：

```
let goods = reactive({
   name: "洗衣机",
   price: 6800,
});
const changeGoodsName = () => {
   goods.name = "电视机";
};
watch(()=>goods.name,()=>{//通过一个函数返回要监听的属性
   console.log('商品的名称发生了变化！')
})
```

在 Vue.js 2.x 中，watch 可以监听多个数据源，并且执行不同的函数，但是只能存在一个 watch。在 Vue.js 3.x 中，通过多个 watch 来实现相同的情景。

例如在 Vue.js 3.x 中监听多个数据源：

```
watch(count, () => {
console.log("count 发生了变化！");
});
watch(
   () => goods.name,
   () => {
       console.log("商品的名称发生了变化！");
   }
);
```

对于 Vue.js 3.x，监听器可以使用数组同时监听多个数据源。例如：

```
watch([() => goods.name, count], ([name, count], [preName, preCount]) => {
   console.log("count 或 goods.name 发生了变化！");
});
```

16.9　项目实战——使用组件创建树状项目分类

本示例使用组件创建树状项目分类。主要代码如下：

```
<div id="app">
   <category-component :list="categories"></category-component>
</div>
<script src="https://unpkg.com/vue@next"></script>
<script>
   const CategoryComponent = {
       name: 'catComp',
       props: {
```

```
            list: {
                type: Array
            }
        },
    template:
        '<ul>
            <!-- 如果 list 为空, 表示没有子分类了, 结束递归 -->
            <template v-if="list">
                <li v-for="cat in list">
                    {{cat.name}}
                    <catComp :list="cat.children"/>
                </li>
            </template>
        </ul>'
    }
    const app = Vue.createApp({
        data(){
            return {
                categories: [
                    {
                        name: '网站开发技术',
                        children: [
                            {
                                name: '前端开发技术',
                                children: [
                                    {name: 'HTML5 开发技术'},
                                    {name: 'Javascript 开发技术'},
                                    {name: 'Vue.js 开发技术'}
                                ]
                            },
                            {
                                name: 'PHP 后端开发技术'
                            }
                        ]
                    },
                    {
                        name: '网络安全技术',
                        children: [
                            {name: 'Linux 系统安全'},
                            {name: '代码审计安全'},
                            {name: '渗透测试安全'}
                        ]
                    }]
            }
        },
    components: {
        CategoryComponent
    }
    })).mount('#app');
</script>
```

运行程序，效果如图 16-21 所示。

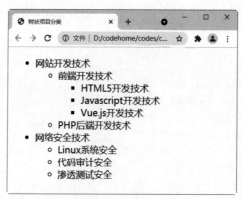

图 16-21　树状项目分类

第17章

精通 Vue CLI 和 Vite

开发大型单页面应用时，需要考虑项目的组织结构、项目构建、部署、热加载等问题，这些工作非常耗费时间，极其影响项目的开发效率。为此，本章将介绍一些能够创建脚手架的工具。脚手架致力于将 Vue 生态中的工具基础标准化,确保各种构建工具能够基于智能的默认配置平稳地衔接，这样开发者可以专注在开发应用的核心业务上，而不必花时间去纠结配置的问题。

17.1　脚手架的组件

Vue CLI 是一个基于 Vue.js 进行快速开发的完整系统，提供以下功能：

（1）通过@vue/cli 搭建交互式的项目脚手架。

（2）通过@vue/cli + @vue/cli-service-global 快速开始零配置原型开发。

（3）一个运行时的依赖（@vue/cli-service），该依赖基于 webpack 构建，并带有合理的默认配置，该依赖可升级，也可以通过项目内的配置文件进行配置，还可以通过插件进行扩展。

（4）一个丰富的官方插件集合，集成了前端生态中最好的工具。

（5）一套完全图形化的、创建和管理 Vue.js 项目的用户界面。

Vue CLI 有几个独立的部分——如果了解过 Vue 的源代码，会发现这个仓库里同时管理了多个单独发布的包——分别为 CLI、CLI 服务和 CLI 插件。

1. CLI

CLI（@vue/cli）是一个全局安装的 NPM 包，提供了终端里的 Vue 命令。它可以通过 vue create 命令快速创建一个新项目的脚手架，或者直接通过 vue serve 命令构建新项目的原型,还可以使用 vue ui 命令通过一套图形化界面管理所有项目。

2. CLI 服务

CLI 服务（@vue/cli-service）是一个开发环境依赖。它是一个 NPM 包，局部安装在每个@vue/cli 创建的项目中。

CLI 服务构建于 webpack 和 webpack-dev-server 之上，它包含了如下内容：

（1）加载其他 CLI 插件的核心服务。

（2）一个针对绝大部分应用优化过的内部的 webpack 配置。

（3）项目内部的 vue-cli-service 命令，提供 serve、build 和 inspect 命令。

3. CLI 插件

CLI 插件是向 Vue 项目提供可选功能的 NPM 包，例如 Babel/TypeScript 转译、ESLint 集成、单元测试和 end-to-end 测试等。Vue CLI 插件的名字以@vue/cli-plugin-（内建插件）或 vue-cli-plugin-（社区插件）开头，非常容易使用。在项目内部运行 vue-cli-service 命令时，它会自动解析并加载 package.json 中列出的所有 CLI 插件。

插件可以作为项目创建过程的一部分，也可以在后期加入到项目中。它们被归成一组可复用的 preset。

17.2 脚手架环境搭建

新版本的脚手架包名称由 vue-cli 改成了@vue/cli。如果已经全局安装了旧版本的 vue-cli（1.x 或 2.x），需要先通过 npm uninstall vue-cli -g 或 yarn global remove vue-cli 卸载它。Vue CLI 需要 Node.js 8.9 或更高版本，推荐使用 8.11.0+。

在浏览器中打开 Node.js 官网（网址为 https://nodejs.org/en/），如图 17-1 所示，这里推荐下载稳定版本。下载完成后，双击安装文件即可按提示安装 Node.js。

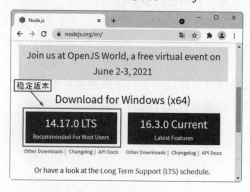

图 17-1 Node.js 官网

安装完成后，需要检测是否安装成功。具体步骤如下：

步骤 **01** 按 window+R 组合键打开"运行"对话框，然后在运行对话框中输入"cmd"，如图 17-2 所示。

步骤 **02** 单击"确定"按钮，即可打开 DOS 系统窗口，即命令提示符窗口，输入命令"node -v"，然后按 Enter 键，如果出现 Node.js 对应的版本号，则说明安装成功，如图 17-3 所示。

图 17-2　在"运行"对话框中输入"cmd"

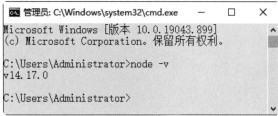

图 17-3　检查 Node.js 的版本

提示：因为 Node.js 已经自带 NPM，所以可以直接在 DOS 系统窗口中输入"npm -v"来检验 NPM 的版本，如图 17-4 所示。

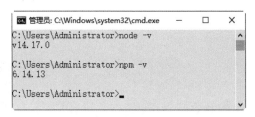

图 17-4　检验 NPM 版本

17.3　安装脚手架

要安装脚手架可以使用如下命令：

```
npm install -g @vue/cli
```

或者

```
yarn global add @vue/cli
```

这里使用 npm install -g @vue/cli 命令来安装。在窗口中输入命令，然后按 Enter 键，即可进行安装，如图 17-5 所示。

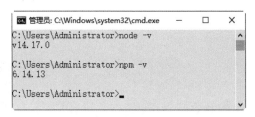

图 17-5　安装脚手架

提示： 除了使用 npm 安装之外，还可以使用淘宝镜像（cnpm）来进行安装，安装的速度更快。

安装之后，可以使用 vue --version 命令来检查其版本是否正确（4.x），如图 17-6 所示。

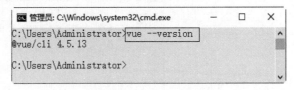

图 17-6　检查脚手架版本

17.4　创建项目

在上节中，脚手架的环境已经配置完成，本节将演示如何使用脚手架快速创建项目。

17.4.1　使用命令

例如在 D:磁盘创建项目，项目名称为 mydemo。具体步骤如下：

步骤01 使用命令创建项目时首先要打开创建项目的路径。打开 DOS 系统窗口，在窗口中输入"D:"命令，按 Enter 键进入 D 盘，如图 17-7 所示。

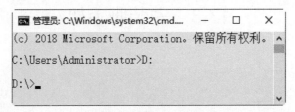

图 17-7　进入项目路径

步骤02 在 D 盘创建 mydemo 项目。在 DOS 系统窗口中输入"vue create mydemo"命令后按 Enter 键进行创建。紧接着会提示配置方式，包括 Vue 2 默认配置、Vue 3 默认配置和手动配置，使用方向键选中第二个选项 Vue 3 默认配置，如图 17-8 所示。

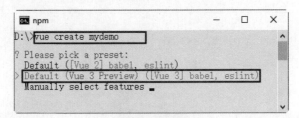

图 17-8　选择配置方式

注意： 项目的名称不能大写，否则无法创建。

步骤03 选中 Vue 3 默认配置后，直接按 Enter 键，即可创建 mydemo 项目，并显示创建的过程，如

图 17-9 所示。

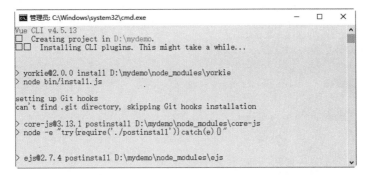

图 17-9　创建 mydemo 项目

步骤 04 项目创建完成后，如图 17-10 所示。这时即可在 D 盘上看见创建的项目文件夹，如图 17-11 所示。

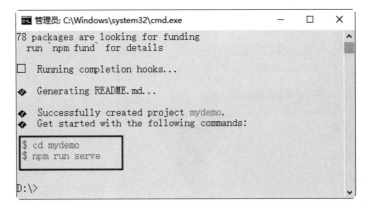

图 17-10　项目创建完成

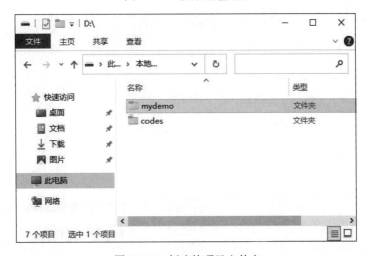

图 17-11　创建的项目文件夹

步骤 05 项目创建完成后就可以启动项目。在 DOS 系统窗口中输入 "cd mydemo" 命令进入到项目，然后使用脚手架提供的 "npm run serve" 命令启动项目，如图 17-12 所示。

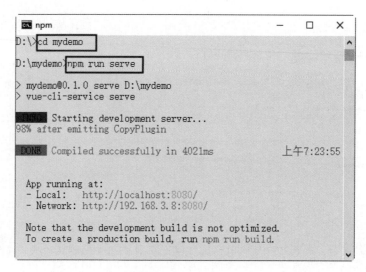

图 17-12　启动项目

步骤 **06** 项目启动成功后，会提供本地的测试域名，只需要在浏览器中输入"http://localhost:8080/"，即可打开项目，如图 17-13 所示。

图 17-13　在浏览器中打开项目

提示：vue create 命令有一些可选项，可以通过运行以下命令进行探索：

```
vue create --help
```

选项：

```
-p, --preset <presetName>        忽略提示符并使用已保存的或远程的预设选项
-d, --default                    忽略提示符并使用默认预设选项
-i, --inlinePreset <json>        忽略提示符并使用内联的 JSON 字符串预设选项
-m, --packageManager <command>   在安装依赖时使用指定的 NPM 客户端
-r, --registry <url>             在安装依赖时使用指定的 npm registry
-g, --git [message]              跳过 git 初始化，并可选地设置初始化提交信息
```

```
-n, --no-git            跳过 git 初始化
-f, --force             重写目标目录可能存在的配置
-c, --clone             使用 git clone 获取远程预设选项
-x, --proxy             使用指定的代理创建项目
-b, --bare              创建项目时省略默认组件中的新手指导信息
-h, --help              输出使用帮助信息
```

17.4.2　使用图形化界面

使用脚手架创建项目，还可以通过 vue ui 命令，以图形化界面创建和管理项目。这里创建一个名称为 myapp 的项目。具体步骤如下：

步骤 01 打开 DOS 系统窗口，在窗口中输入"d:"命令，按 Enter 键后进入 D 盘根目录下。然后在窗口中输入"vue ui"命令，按 Enter 键，如图 17-14 所示。

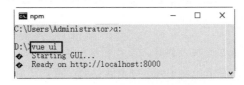

图 17-14　启动图形化界面

步骤 02 紧接着会在本地默认的浏览器中打开图形化界面，如图 17-15 所示。

步骤 03 在图形化界面单击"创建"按钮，将显示创建项目的路径，如图 17-16 所示。

图 17-15　在默认浏览器中打开图形化界面　　　　图 17-16　单击"创建"按钮显示创建项目路径

步骤 04 单击"在此创建新项目"按钮，显示创建项目的界面，输入项目的名称"myapp"，在详情选项中根据需要进行选择，如图 17-17 所示。

步骤 05 单击"下一步"按钮，展示"预设"选项，如图 17-18 所示。根据需要选择一套预设即可，这里选择第二项的预设方案。

图 17-17　配置详情选项

图 17-18　配置预设选项

步骤 06 单击"创建项目"按钮进行项目创建。项目创建完成后，在 D 盘下即可看到 myapp 项目的文件夹。在浏览器中将显示如图 17-19 所示的界面。用户可以在该界面中分别查看其他四个部分：插件、依赖、配置和任务。

图 17-19　创建完成后浏览器显示效果

17.5　分析项目结构

打开 mydemo 文件夹，其目录结构如图 17-20 所示。

图 17-20　mydemo 的目录结构

项目目录下的文件夹和文件的说明如表 17-1 所示。

表17-1　项目目录下的文件夹和文件的说明

文件夹或文件	说明
node_modules 文件夹	项目依赖的模块
public 文件夹	该目录下的文件不会被 webpack 编译压缩处理，引用第三方库的 JavaScript
src 文件夹	项目的主目录
.gitignore	配置在 git 提交项目代码时忽略哪些文件或文件夹
babel.config.js	Babel 使用的配置文件
package.json	NPM 的配置文件，其中设定了脚本和项目依赖的库
package-lock.json	用于锁定项目实际安装的各个 NPM 包的具体来源和版本号
REDAME.md	项目说明文件

下面分析几个关键的文件：src 文件夹下的 App.vue 文件和 main.js 文件、public 文件夹下的 index.html 文件。

1. App.vue 文件

该文件是一个单文件组件，包含了组件代码、模板代码和 CSS 样式规则。这里引入了 HelloWord 组件，然后在 template 中使用它。具体代码如下：

```
<template>
  <img alt="Vue logo" src="./assets/logo.png">
  <HelloWorld msg="Welcome to Your Vue.js App"/>
</template>
<script>
import HelloWorld from './components/HelloWorld.vue'
export default {
  name: 'App',
  components: {
```

```
    HelloWorld
  }
}
</script>

<style>
#app {
  font-family: Avenir, Helvetica, Arial, sans-serif;
  -webkit-font-smoothing: antialiased;
  -moz-osx-font-smoothing: grayscale;
  text-align: center;
  color: #2c3e50;
  margin-top: 60px;
}
</style>
```

2. main.js 文件

该文件是程序入口的JavaScript文件，主要用于加载各种公共组件和项目需要用到的各种插件，并创建 Vue 的根实例。具体代码如下：

```
import { createApp } from 'vue'        //在 Vue 3.0 中新增的 Tree-shaking 支持
import App from './App.vue'            //导入 App 组件


createApp(App).mount('#app')          //创建应用程序实例，加载应用程序实例的根组件
```

3. index.html 文件

该文件为项目的主文件，这里包含一个 id 为 app 的 div 元素，组件实例会自动挂载到该元素上。具体代码如下：

```
<!DOCTYPE html>
<html lang="">
  <head>
    <meta charset="utf-8">
    <meta http-equiv="X-UA-Compatible" content="IE=edge">
    <meta name="viewport" content="width=device-width,initial-scale=1.0">
    <link rel="icon" href="<%= BASE_URL %>favicon.ico">
    <title><%= htmlWebpackPlugin.options.title %></title>
  </head>
  <body>
    <noscript>
      <strong>We're sorry but <%= htmlWebpackPlugin.options.title %> doesn't w
```

```
ork properly without JavaScript enabled. Please enable it to continue.</strong>
    </noscript>
    <div id="app"></div>
    <!-- built files will be auto injected -->
  </body>
</html>
```

17.6 配置 SCSS、Less 和 Stylus

现在流行的 CSS 预处理器有 Less、Sass 和 Stylus 等，如果想要在 Vue CLI 创建的项目中使用这些预处理器，可以在创建项目的时候进行配置。下面以配置（SCSS 是 Sass 预处理器的高级版本）为例进行讲解，其他预处理的设置方法类似。具体步骤如下：

步骤 01 使用 vue create sassdemo 命令创建项目时，选择手动配置模块，如图 17-21 所示。

步骤 02 按 Enter 键，进入模块配置界面，然后通过空格键选择要配置的模块，这里选择 "CSS Pre-processors" 来配置预处理器，如图 17-22 所示。

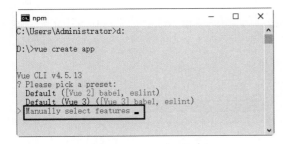

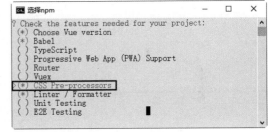

图 17-21 手动配置模块　　　　　　　　　图 17-22 模块配置界面

步骤 03 按 Enter 键，进入选择版本界面，这里选择 "3.x" 选项，如图 17-23 所示。

步骤 04 按 Enter 键，进入 CSS 预处理器选择界面，这里选择 "Sass/SCSS(with dart-scss)"，如图 17-24 所示。

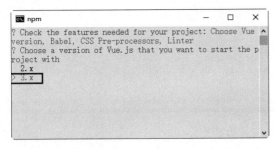

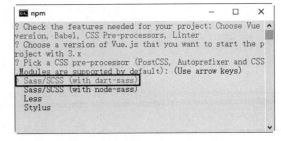

图 17-23 选择 "3.x" 选项　　　　　　　　图 17-24 选择 "Sass/SCSS(with dart-scss)"

步骤 05 按 Enter 键，进入代码格式和校验选项界面，这里选择默认的第 1 项，表示仅用于错误预防，如图 17-25 所示。

步骤**06** 按 Enter 键，进入何时检查代码界面，这里选择默认的第 1 项，表示保存时检测，如图 17-26 所示。

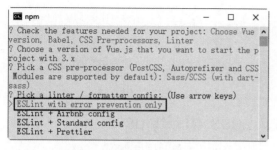

图 17-25　代码格式和校验选项界面　　　　图 17-26　何时检查代码界面

步骤**07** 按 Enter 键，接下来设置如何保存配置信息，第 1 项表示在专门的配置文件中保存配置信息，第 2 项表示在 package.json 文件中保存配置信息，这里选择第 1 项，如图 17-27 所示。

步骤**08** 按 Enter 键，接下来设置是否保存本次配置，如果选择保存本次配置，以后再使用 vue create 命令创建项目时，会出现保存过的配置供用户选择。这里输入"y"，表示保存本次配置，如图 17-28 所示。

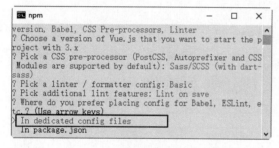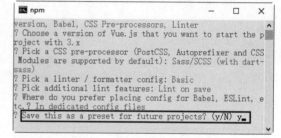

图 17-27　设置如何保存配置信息　　　　图 17-28　保存本次配置

步骤**09** 按 Enter 键，接下来为本次配置命名，这里输入"myset"，如图 17-29 所示。

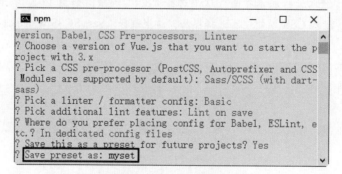

图 17-29　设置本次设置的名字

步骤**10** 按 Enter 键，项目创建完成，结果如图 17-30 所示。

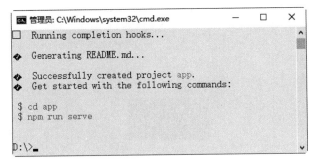

图 17-30　项目创建完成

在项目创建完成之后，在 App.vue 组件的<style>标签中添加 lang=" scss"，便可以使用 SCSS 预处理器了。

在 App.vue 组件中编写代码，定义了 2 个 div 元素，使用 SCSS 定义其样式，代码如下：

```
<template>
  <div class="hello">
    <div class="big-box">
      大盒子
      <div class="small-box">
        小盒子
      </div>
    </div>
  </div>
</template>
<script>
export default {
  name: 'HelloWorld',
}
</script>
<style lang="scss">
  .big-box{
    border: 1px solid red;
    width: 500px;
    height: 300px;

    .small-box {
      background-color: #ff0000;
      color: #000000;
      width: 200px;
      height: 100px;
      margin:20% 30%;
      color: #fff;
    }
  }
</style>
```

使用 cd app 命令进入项目，然后使用脚手架提供的 npm run serve 命令启动项目，在浏览器中运行项目，效果如图 17-31 所示。

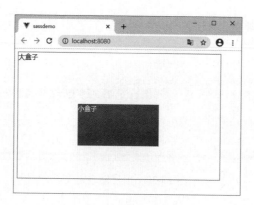

图 17-31　项目运行效果

17.7　配置文件 package.json

package.json 是 JSON 格式的 NPM 配置文件，定义了项目所需要的各种模块，以及项目的配置信息。在项目开发中经常需要修改该文件的配置内容。package.json 的代码和注释如下：

```
{
    "name": " app ",                        //项目文件的名称
    "version": "0.1.0",                     //项目版本
    "private": true,                        //是否私有项目
    "scripts": {                //值是一个对象,其中设置了项目生命周期各个环节需要执行的命令
      "serve": "vue-cli-service serve",     //执行 npm run server，运行项目
      "build": "vue-cli-service build",     //执行 npm run build，构建项目
      "lint": "vue-cli-service lint"        //执行 npm run lint,运行 ESLint 验证并格式
化代码
    "devDependencies": {        //这里的依赖是用于开发环境的，不发布到生产环境
      "@vue/cli-plugin-babel": "~4.5.0",
      "@vue/cli-plugin-eslint": "~4.5.0",
      "@vue/cli-service": "~4.5.0",
      "@vue/compiler-sfc": "^3.0.0",
      "babel-eslint": "^10.1.0",
      "eslint": "^6.7.2",
      "eslint-plugin-vue": "^7.0.0",
      "sass": "^1.26.5",
      "sass-loader": "^8.0.2"
    }
}
```

在使用 NPM 安装依赖的模块时，可以根据模块是否需要在生产环境下使用而选择附加-S 或者 -D 参数。例如以下命令：

```
nmp install element-ui -S
//等价于
nmp install element-ui -save
```

模块在安装后会在 dependencies 中写入依赖性，在项目打包发布时，dependencies 中写入的依赖性也会一起打包。

17.8　Vue.js 3.x 新增的开发构建工具——Vite

Vite 是 Vue 的作者尤雨溪开发的 Web 开发构建工具，它是一个基于浏览器原生 ES 模块导入的开发服务器，在开发环境下，利用浏览器解析 import，在服务器端按需编译返回，完全跳过打包操作，服务器随启随用。可见，Vite 是专注于提供一个快速的开发服务器和基本的构建工具。

不过需要特别注意的是，Vite 是 Vue.js 3.x 新增的开发构建工具，目前仅支持 Vue.js 3.x，所以与 Vue.js 3.x 不兼容的也不能与 Vite 一起使用。

17.8.1　创建项目

Vite 提供了 npm 和 yarm 命令方式创建项目。

例如使用 npm 命令创建项目 myapp，命令如下：

```
npm init vite-app myapp
cd myapp
npm install
npm run dev
```

执行过程如图 17-32 所示。

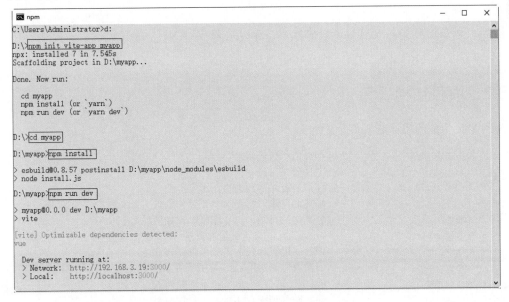

图 17-32　使用 npm 命令创建项目 myapp

项目启动成功后，会提供本地的测试域名，只需要在浏览器中输入"http://localhost:3000/"，即可打开项目，如图 17-33 所示。

图 17-33　在浏览器中打开项目

如果需要构建生产环境下的发布版本，则只需要在终端窗口执行以下命令：

```
npm run build
```

如果使用 yarn 命令创建项目 myapp，则依次执行以下命令：

```
yarn create  vite-app myapp
cd myapp
yarn
yarn dev
```

提示：如果没有安装 YARN，则执行以下命令安装 YARN：

```
npm install -g yarn
```

17.8.2　项目结构

使用 Vite 生成的项目结构和含义如下：

```
|-node_modules          -- 项目依赖包的目录
|-public                -- 项目公用文件
  |--favicon.ico        -- 网站地址栏前面的小图标
|-src                   -- 源文件目录，程序员主要工作的地方
  |-assets              -- 静态文件目录，图片图标，比如网站 Logo
  |-components          -- Vue 3.x 的自定义组件目录
  |--App.vue            -- 项目的根组件，单页应用都需要这个文件
  |--index.css          -- 一般项目的通用 CSS 样式写在这里，main.js 引入
  |--main.js            -- 项目入口文件，单页应用都需要入口文件
|--.gitignore           -- git 的管理配置文件，设置哪些目录或文件不管理
|-- index.html          -- 项目的默认首页，Vue 的组件需要挂载到这个文件上
|-- package-lock.json   -- 项目包的锁定文件，用于防止由于包版本不一样导致的错误
|-- package.json        -- 项目配置文件，包管理、项目名称、版本和命令
```

其中配置文件 package.json 的代码如下：

```
{
  "name": "myapp",
  "version": "0.0.0",
  "scripts": {
    "dev": "vite",
    "build": "vite build"
  },
  "dependencies": {
    "vue": "^3.0.4"
  },
  "devDependencies": {
    "vite": "^1.0.0-rc.17",
    "@vue/compiler-sfc": "^3.0.4"
  }
}
```

第18章

使用 Vue Router 开发单页面应用

在传统的多页面应用中，不同的页面之间的跳转都需要向服务器发起请求，服务器在处理请求后再向浏览器推送页面。但是，在单页面应用中，整个项目只会存在一个 HTML 文件，当用户切换页面时，只是通过对这个唯一的 HTML 文件进行动态重写，从而响应用户的请求。由于访问的页面并不真实存在，页面间的跳转都在浏览器端完成，这就需要用到前端路由。本章将重点介绍官方的路由管理器——Vue Router。

18.1 使用 Vue Router

本节讲解如何在 HTML 页面和项目中使用路由管理器 Vue Router。

18.1.1 在 HTML 页面中使用路由

在 HTML 页面中使用路由，有以下几个步骤：

步骤01 首先需要将 Vue Router 添加到 HTML 页面，这里直接引用 CDN 的方式添加前端路由：

```
<script src="https://unpkg.com/vue-router@next"></script>
```

步骤02 使用<router-link>标签来设置导航链接：

```
<!-- 默认渲染成 a 标签 -->
<router-link to="/home">首页</router-link>
<router-link to="/list">列表</router-link>
<router-link to="/details">详情</router-link>
```

当然，默认生成的是<a>标签，如果想要将路由信息生成别的 HTML 标签，则可以使用 v-slot API 完全定制<router-link>。例如生成的标签类型为按钮：

```
<!--渲染成 button 标签-->
```

```
<router-link to="/list"  custom v-slot="{navigate}">
    <button @click="navigate" @keypress.enter="navigate"> 列表</button>
</router-link>
```

步骤 03 通过<router-view>指定组件在何处渲染：

```
<router-view></router-view>
```

当单击<router-link>标签时，会在<router-view>所在的位置渲染组件的模板内容。

步骤 04 定义路由组件，这里定义的是一些简单的组件：

```
const home={template:'<div>home 组件的内容</div>'};
const list={template:'<div>list 组件的内容</div>'};
const details={template:'<div>details 组件的内容</div>'};
```

步骤 05 定义路由，在路由中将前面定义的链接和定义的组件一一对应。

```
const routes=[
    {path:'/home',component:home},
    {path:'/list',component:list},
    {path:'/details',component:details},
];
```

步骤 06 创建 Vue Router 实例，将步骤 5 定义的路由配置作为选项传递进来。

```
const router= VueRouter.createRouter({
    //提供要实现的 history 实现。为了方便起见，这里使用 hash history
    history:VueRouter.createWebHashHistory(),
    routes//简写，相当于 routes: routes
});
```

步骤 07 在应用实例中使用 use()方法，传入步骤 6 创建的 router 对象，从而让整个应用程序都有路由
功能。

```
const vm= Vue.createApp({});
//使用路由器实例，从而让整个应用都有路由功能
vm.use(router);
vm.mount('#app');
```

到这里，路由的配置就完成了。

【例 18.1】在 HTML 页面中使用路由（源代码\ch18\18.1.html）。

```
<style>
    #app{
        text-align: center;
    }
    .container {
        background-color: #73ffd6;
        margin-top: 20px;
        height: 100px;
    }
</style>
<div id="app">
```

```html
        <!-- 通过 router-link 标签来生成导航链接 -->
        <router-link to="/home">首页</router-link>
        <router-link to="/list"  custom v-slot="{navigate}">
           <button @click="navigate" @keypress.enter="navigate"> 古诗欣赏</button>
</router-link>
        <router-link to="/about" >联系我们</router-link>
        <!--路由匹配到的组件将在这里渲染 -->
        <div  class="container">
           <router-view ></router-view>
        </div>
    </div>
    <script src="https://unpkg.com/vue@next"></script>
    <!--引入 Vue Router-->
    <script src="https://unpkg.com/vue-router@next"></script>
    <script>
       //定义路由组件
       const home={template:'<div>主页内容</div>'};
       const list={template:'<div>我不践斯境，岁月好已积。晨夕看山川，事事悉如昔。</p></
div>'};
       const about={template:'<div>需要技术支持请联系作者微信 codehome6</div>'};
       const routes=[
           {path:'/home',component:home},
           {path:'/list',component:list},
           {path:'/about',component:about},
       ];
       const router= VueRouter.createRouter({
           //提供要实现的 history 实现。为了方便起见，这里使用 hash history
           history:VueRouter.createWebHashHistory(),
           routes//简写，相当于 routes: routes
       });
       const vm= Vue.createApp({});
       //使用路由器实例，从而让整个应用都有路由功能
       vm.use(router);
       vm.mount('#app');
    </script>
```

运行程序，单击"古诗欣赏"链接，在页面下方将显示对应的内容，如图 18-1 所示。

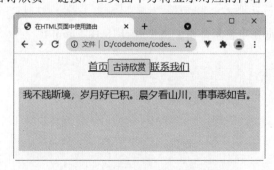

图 18-1 在 HTML 页面中使用路由

Vue 还可以嵌套路由，例如，在 list 组件中创建一个导航，导航包含古诗 1 和古诗 2 两个选项，

每个选项的链接对应一个路由和组件，古诗 1 和古诗 2 两个选项分别对应 poetry1 和 poetry2 组件。

在构建 URL 时，应该将该地址位于 /list url 后面，从而更好地表达这种对应关系。所以，在 list 组件中又添加一个 router-view 标签，用来渲染嵌套的组件内容。同时，在定义 routes 时，在参数中使用 children 属性，从而达到配置嵌套路由信息的目的。

【例 18.2】嵌套路由（源代码\ch18\18.2.html）。

```html
<style>
    #app{
        text-align: center;
    }
    .container {
        background-color: #73ffd6;
        margin-top: 20px;
        height: 100px;
    }
</style>
</head>
<body>
<div id="app">
    <!-- 通过 router-link 标签来生成导航链接 -->
    <router-link to="/home">首页</router-link>
    <router-link to="/list"  custom v-slot="{navigate}">
        <button @click="navigate" @keypress.enter="navigate"> 古诗欣赏</button>
</router-link>
    <router-link to="/about">关于我们</router-link>
    <div class="container">
        <!-- 将选中的路由渲染到 router-view 下-->
        <router-view></router-view>
    </div>
</div>
<template id="tmpl">
    <div>
        <h3>列表内容</h3>
        <!-- 生成嵌套子路由地址 -->
        <router-link to="/list/poetry1">古诗 1</router-link>
        <router-link to="/list/poetry2">古诗 2</router-link>
        <div class="sty">
            <!-- 生成嵌套子路由渲染节点 -->
            <router-view></router-view>
        </div>
    </div>
</template>
<script src="https://unpkg.com/vue@next"></script>
<!--引入 Vue Router-->
<script src="https://unpkg.com/vue-router@next"></script>
<script>
    //1.定义路由跳转的组件模板
    const home={template:'<div>主页内容</div>'};
    const list={template:'#tmpl'};
```

```
        const about={template:'<div>需要技术支持请联系作者微信 codehome6</div>'};
        const poetry1 = {
            template: '<div> 红颜弃轩冕，白首卧松云。</div>'
        };
        const poetry2 = {
            template: '<div>为问门前客，今朝几个来。</div>'
        };
        //2.定义路由信息
        const routes = [
            //路由重定向：当路径为/时，重定向到/list 路径
            {
                path: '/',
                redirect: '/list'
            },
            {
                path: '/home',
                component: home,
            },
            {
                path: '/list',
                component: list,
                //嵌套路由
                children: [
                    {
                        path: 'poetry1',
                        component: poetry1
                    },
                    {
                        path: 'poetry2',
                        component: poetry2
                    },
                ]
            },
            {
                path: '/about',
                component:about,
            }
        ];
        const router= VueRouter.createRouter({
            //提供要实现的 history 实现。为了方便起见，这里使用 hash history
            history:VueRouter.createWebHashHistory(),
            routes  //简写，相当于 routes: routes
        });
        const vm= Vue.createApp({});
        //使用路由器实例，从而让整个应用都有路由功能
        vm.use(router);
        vm.mount('#app');
</script>
```

运行程序，单击"古诗欣赏"链接，然后单击"古诗 2"链接，效果如图 18-2 所示。

图 18-2　嵌套路由

18.1.2　在项目中使用路由

要在 Vue 脚手架创建的项目中使用路由，可以在创建项目时选择配置路由。具体步骤如下：

步骤01 使用 vue create router-demo 命令创建项目，在配置选项时，选择手动配置，然后配置 Router，如图 18-3 所示。

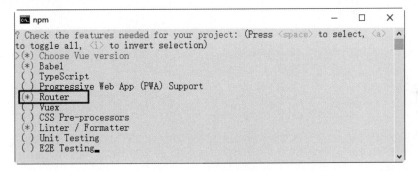

图 18-3　配置 Router

步骤02 项目创建完成之后运行项目，然后在浏览器中打开项目，可以发现页面上部有 Home 和 About 两个可切换的选项，如图 18-4 所示。

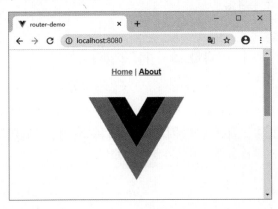

图 18-4　项目运行效果

在创建项目的时候完成路由配置，在使用的时候就不需要再进行配置了。

上述操作是脚手架默认创建的例子，具体实现和上面示例基本一样。

在项目 view 目录下，可以看到 Home 和 About 两个组件，在根组件中创建导航，有 Home 和 About 两个选项，使用<router-link>来设置导航链接，通过<router-view>指定 Home 和 About 组件在根组件 App 中进行渲染，App 组件代码如下：

```
<template>
  <div id="app">
    <div id="nav">
      <router-link to="/">Home</router-link> |
      <router-link to="/about">About</router-link>
    </div>
    <router-view/>
  </div>
</template>
```

然后在项目 router 目录的 index.js 文件夹下配置路由信息。index.js 在 main.js 文件中进行了注册，所以在项目中可以使用路由。

在 index.js 文件中通过路由把 Home 及 About 组件和其对应的导航链接对应起来，路由在 routes 数组中进行配置，代码如下：

```
const routes = [
  {
    path: '/',
    name: 'Home',
    component: Home
  },
  {
    path: '/about',
    name: 'About',
    component: () => import(/* webpackChunkName: "about" */ '../views/About.vue')
  }
]
```

这样在项目中就可以使用路由了。

18.2 命名路由

在某些时候，生成的路由 URL 地址可能会很长，在使用的时候就会显得有些不便。这时候通过一个名称来标识一个路由会更方便一些。因此，在 Vue Router 中，可以在创建 Router 实例的时候，在 routes 配置中给某个路由设置名称，从而方便调用路由。

```
routes:[
  {
    path: '/form',
    name: 'router1',
    component: '<div>form 组件</div>'
  }
```

```
    ]
```

在使用命名路由之后，当需要使用<router-link>标签进行跳转时，就可以采取给 router-link 的 to 属性传递一个对象的方式，跳转到指定的路由地址上，例如：

```
<router-link :to="{ name:'router1'}">名称</router-link>
```

【例 18.3】命名路由（源代码\ch18\18.3.html）。

```
<style>
    #app{
        text-align: center;
    }
    .container {
        background-color: #73ffd6;
        margin-top: 20px;
        height: 100px;
    }
</style>
<div id="app">
    <router-link :to="{name:'router1'}">首页</router-link>
    <router-link to="/list"  custom v-slot="{navigate}">
            <button @click="navigate" @keypress.enter="navigate"> 古诗欣赏</b
utton></router-link>
    <router-link :to="{name:'router3'}" >联系我们</router-link>
    <!--路由匹配到的组件将在这里渲染 -->
    <div  class="container">
        <router-view ></router-view>
    </div>
</div>
<script src="https://unpkg.com/vue@next"></script>
<!--引入 Vue Router-->
<script src="https://unpkg.com/vue-router@next"></script>
<script>
    //定义路由组件
    const home={template:'<div>home 组件的内容</div>'};
    const list={template:'<div>红颜弃轩冕，白首卧松云。</div>'};
    const details={template:'<div>需要技术支持请联系作者微信 codehome6</div>'};
    const routes=[
        {path:'/home',component:home,name: 'router1',},
        {path:'/list',component:list,name: 'router2',},
        {path:'/details',component:details,name: 'router3',},
    ];
    const router= VueRouter.createRouter({
        //提供要实现的 history 实现。为了方便起见，这里使用 hash history
        history:VueRouter.createWebHashHistory(),
        routes//简写，相当于 routes: routes
    });
    const vm= Vue.createApp({});
    //使用路由器实例，从而让整个应用都有路由功能
    vm.use(router);
```

```
        vm.mount('#app');
    </script>
```

运行程序，效果如图 18-5 所示。

图 18-5　命名路由

还可以使用 params 属性设置参数，例如：

```
<router-link :to="{ name: 'user', params: { userId: 123 }}">User</router-link>
```

这跟代码调用 router.push()是一样的：

```
router.push({ name: 'user', params: { userId: 123 }})
```

这两种方式都会把路由导航到/user/123 路径。

18.3　命名视图

当打开一个页面时，整个页面可能由多个 Vue 组件构成。例如，后台管理首页可能是由 sidebar（侧导航）、header（顶部导航）和 main（主内容）这三个 Vue 组件构成的。此时，通过 Vue Router 构建路由信息，如果一个 URL 只能对应一个 Vue 组件，则整个页面是无法正确显示的。

在上一节中介绍构建路由信息的时候，使用了两个特殊的标签：<router-view>和<router-link>。通过<router-view>标签，可以指定将组件渲染显示到什么位置。当需要在一个页面上显示多个组件的时候，就需要在页面中添加多个<router-view>标签。

那么，是不是可以通过一个路由对应多个组件，然后按需渲染在不同的<router-view>标签上呢？依照上一节介绍的关于 Vue Router 的使用方法，可以很容易实现下面的代码。

【例 18.4】测试一个路由对应多个组件（源代码\ch18\18.4.html）。

```
<style>
    #app{
        text-align: center;
    }
    .container {
        background-color: #73ffd6;
        margin-top: 20px;
```

```
        height: 100px;
    }
</style>
<div id="app">
    <router-view></router-view>
    <div class="container">
        <router-view></router-view>
        <router-view></router-view>
    </div>
</div>
<template id="sidebar">
    <div class="sidebar">
        侧边栏内容
    </div>
</template>
<script src="https://unpkg.com/vue@next"></script>
<!--引入 Vue Router-->
<script src="https://unpkg.com/vue-router@next"></script>
<script>
    //1.定义路由跳转的组件模板
    const header = {
        template: '<div class="header"> 头部内容 </div>'
    }
    const sidebar = {
        template: '#sidebar',
    }
    const main = {
        template: '<div class="main">主要内容</div>'
    }
    //2.定义路由信息
    const routes = [{
        path: '/',
        component: header
    }, {
        path: '/',
        component: sidebar
    }, {
        path: '/',
        component: main
    }];
    const router= VueRouter.createRouter({
        //提供要实现的 history 实现。为了方便起见，这里使用 hash history
        history:VueRouter.createWebHashHistory(),
        routes    //简写，相当于 routes: routes
    });
    const vm= Vue.createApp({});
    //使用路由器实例，从而让整个应用都有路由功能
    vm.use(router);
    vm.mount('#app');
</script>
```

运行程序，效果如图 18-6 所示。

图 18-6　一个路由对应多个组件

可以看到，上述代码并没有实现想要的效果，将一个路由信息对应到多个组件时，不管有多少个的<router-view>标签，程序都会将第一个组件渲染到所有的<router-view>标签上。

在 Vue Router 中，通过命名视图的方式，可以实现将不同的组件渲染到对应的标签上。命名视图与命名路由的实现方式相似，命名视图通过在<router-view>标签上设定 name 属性，之后在构建路由与组件的对应关系时，以一种"name:component"的形式构造出一个组件对象，从而指明是在哪个<router-view>标签上加载什么组件。

注意：在指定路由对应的组件时，使用的是 components（包含 s）属性配置组件。

实现命名视图的代码如下：

```
<div id="app">
    <router-view></router-view>
    <div class="container">
        <router-view name="sidebar"></router-view>
        <router-view name="main"></router-view>
    </div>
</div>
<script>
    //2.定义路由信息
    const routes = [{
        path: '/',
        components: {
            default: header,
            sidebar: sidebar,
            main: main
        }
    }]
</script>
```

在<router-view>标签中，默认的 name 属性值为 default，所以这里的 header 组件对应的<router-view>标签就可以不设定 name 属性值。

【例 18.5】命名视图（源代码\ch18\18.5.html）。

```
<style>
```

```
        .style1{
            height: 20vh;
            background: #0BB20C;
            color: white;
        }
        .style2{
            background: #9e8158;
            float: left;
            width: 30%;
            height: 70vh;
            color: white;
        }
        .style3{
            background: #2d309e;
            float: left;
            width: 70%;
            height: 70vh;
            color: white;
        }
</style>
<div id="app">
    <div class="style1">
        <router-view></router-view>
    </div>
    <div class="container">
        <div class="style2">
            <router-view name="sidebar"></router-view>
        </div>
        <div class="style3">
            <router-view name="main"></router-view>
        </div>
    </div>
</div>
<template id="sidebar">
    <div class="sidebar">
        //侧边栏导航内容
    </div>
</template>
<script src="https://unpkg.com/vue@next"></script>
<!--引入 Vue Router-->
<script src="https://unpkg.com/vue-router@next"></script>
<script>
    //1.定义路由跳转的组件模板
    const header = {
        template: '<div class="header"> 头部内容 </div>'
    }
    const sidebar = {
        template: '#sidebar'
    }
    const main = {
```

```
        template: '<div class="main">正文部分</div>'
    }
    //2.定义路由信息
    const routes = [{
        path: '/',
        components: {
            default: header,
            sidebar: sidebar,
            main: main
        }
    }];
    const router= VueRouter.createRouter({
        //提供要实现的 history 实现。为了方便起见，这里使用 hash history
        history:VueRouter.createWebHashHistory(),
        routes    //简写，相当于 routes: routes
    });
    const vm= Vue.createApp({});
    //使用路由器实例，从而让整个应用都有路由功能
    vm.use(router);
    vm.mount('#app');
</script>
```

运行程序，效果如图 18-7 所示。

图 18-7　命名视图

18.4　路由传参

在很多情况下，需要使用到上一个表单中的组件的一些数据，例如表单提交、组件跳转之类的操作。这时就可以将需要的参数通过传参的方式在路由间进行传递。下面介绍一种传参方式——param 传参。

param 传参就是将需要的参数以 key=value 的方式放在 URL 地址中。在定义路由信息时，需要以占位符（:参数名）的方式将需要传递的参数指定到路由地址中，实现代码如下：

```
const routes=[{
    path:'/',
```

```
    components:{
        default: header,
        sidebar: sidebar,
        main: main
    },
    children: [{
        path: '',
        redirect: 'form'
    }, {
        path: 'form',
        name: 'form',
        component: form
    }, {
        path: 'info/:email/:password',
        name: 'info',
        component: info
    }]
}]
```

　　因为在使用$route.push 进行路由跳转时，如果提供了 path 属性，则对象中的 params 属性将会被忽略，所以这里可以采用命名路由的方式进行跳转，或者直接将参数值传递到路由路径中。这里的参数如果不进行赋值的话，就无法与匹配规则对应，也就无法跳转到指定的路由地址中。

```
const form = {
    template: '#form',
    data:function() {
        return {
            email: '',
            password: ''
        }
    },
    methods: {
        submit:function() {
            //方式 1
            this.$router.push({
                name: 'info',
                params: {
                    email: this.email,
                    password: this.password
                }
            })
            //方式 2
            this.$router.push({
                path: '/info/${this.email}/${this.password}',
            })
        }
    },
}
```

【例 18.6】param 传参（源代码\ch18\18.6.html）。

```
<style>
        .style1{
            background: #0BB20C;
            color: white;
            padding: 15px;
            margin: 15px 0;
        }
        .main{
            padding: 10px;
        }
</style>
<body>
<div id="app">
    <div>
        <div class="style1">
            <router-view></router-view>
        </div>
    </div>
    <div class="main">
        <router-view name="main"></router-view>
    </div>
</div>
<template id="sidebar">
    <div>
        <ul>
            <router-link v-for="(item,index) in
menu" :key="index" :to="item.url" tag="li">{{item.name}}
            </router-link>
        </ul>
    </div>
</template>
<template id="main">
    <div>
        <router-view></router-view>
    </div>
</template>
<template id="form">
    <div>
        <form>
            <div>
                <label for="exampleInputEmail1">邮箱</label>
                <input type="email" id="exampleInputEmail1" placeholder="输入电
子邮件" v-model="email">
            </div>
            <div>
                <label for="exampleInputPassword1">密码</label>
                <input type="password" id="exampleInputPassword1" placeholder="
输入密码" v-model="password">
            </div>
            <button type="submit" @click="submit">提交</button>
        </form>
```

```
        </div>
    </template>
    <template id="info">
        <div>
            <div>
                输入的信息
            </div>
            <div>
                <blockquote>
                    <p>邮箱：{{ $route.params.email }} </p>
                    <p>密码：{{ $route.params.password }}</p>
                </blockquote>
            </div>
        </div>
    </template>
    <script src="https://unpkg.com/vue@next"></script>
    <!--引入 Vue Router-->
    <script src="https://unpkg.com/vue-router@next"></script>
    <script>
        //1.定义路由跳转的组件模板
        const header = {
            template: '<div class="header">头部</div>'
        }
        const sidebar = {
            template: '#sidebar',
            data:function() {
                return {
                    menu: [{
                        displayName: 'Form',
                        routeName: 'form'
                    }, {
                        displayName: 'Info',
                        routeName: 'info'
                    }]
                }
            },
        }
        const main = {
            template: '#main'
        }
        const form = {
            template: '#form',
            data:function() {
                return {
                    email: '',
                    password: ''
                }
            },
            methods: {
                submit:function() {
                    this.$router.push({
                        name: 'info',
                        params: {
```

```
                            email: this.email,
                            password: this.password
                        }
                    })
                }
            },
        }
        const info = {
            template: '#info'
        }
        //2.定义路由信息
        const routes = [{
            path: '/',
            components: {
                default: header,
                sidebar: sidebar,
                main: main
            },
            children: [{
                path: '',
                redirect: 'form'
            }, {
                path: 'form',
                name: 'form',
                component: form
            }, {
                path: 'info/:email/:password',
                name: 'info',
                component: info
            }]
        }];
        const router= VueRouter.createRouter({
            //提供要实现的 history 实现。为了方便起见，这里使用 hash history
            history:VueRouter.createWebHashHistory(),
            routes    //简写，相当于 routes: routes
        });
        const vm= Vue.createApp({
            data(){
                return{
                }
            },
            methods:{},
        });
        //使用路由器实例，从而让整个应用都有路由功能
        vm.use(router);
        vm.mount('#app');
    </script>
```

运行程序，在邮箱中输入"357975357@qq.com"，在密码中输入"123456"，如图 18-8 所示；然后单击"提交"按钮，将内容传递到 info 子组件中进行显示，效果如图 18-9 所示。

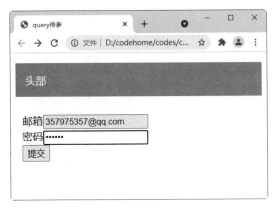

图 18-8　输入邮箱和密码　　　　　　　　　图 18-9　param 传参

18.5　编程式导航

在使用 Vue Router 时，经常会通过<router-link>标签去生成跳转到指定路由的链接，但是在实际的前端开发中，更多的是通过 JavaScript 的方式进行跳转。例如很常见的一个交互需求——用户提交表单，提交成功后跳转到上一页面，提交失败则留在当前页面。这时候，如果还是通过<router-link>标签进行跳转就不合适了，需要通过 JavaScript 根据表单返回的状态进行动态判断。

在使用 Vue Router 时，已经将 Vue Router 的实例挂载到了 Vue 实例上，可以借助$router 的实例方法，通过编写 JavaScript 代码的方式实现路由间的跳转，而这种方式就是一种编程式的路由导航。

在 Vue Router 中具有三种导航方法，分别为 push、go 和 replace。通过在页面上设置<router-link>标签进行路由地址间的跳转，就等同于执行了一次 push 方法。

1. push 方法

当需要跳转新页面时，可以通过 push 方法将一条新的路由记录添加到浏览器的 history 栈中，通过 history 的自身特性驱使浏览器进行页面的跳转。同时，因为在 history 会话历史中会一直保留着这个路由信息，所以后退时还是可以退回到当前页面。

在 push 方法中，参数是一个字符串路径，或者是一个描述地址的对象，这里其实就等同于调用了 history.pushState 方法。

```
//字符串 => /first
this.$router.push('first')
//对象=> /first
this.$router.push({ path: 'first' })
//带查询参数=>/first?abc=123
this.$router.push({ path: 'first', query: { abc: '123' }})
```

当传递的参数为一个对象并且当 path 与 params 共同使用时，对象中的 params 属性不会起任何作用，需要采用命名路由的方式进行跳转，或者是直接使用带有参数的全路径。

```
const userId = '123'
```

```
//使用命名路由 => /user/123
this.$router.push({ name: 'user', params: { userId }})
//使用带有参数的全路径 => /user/123
this.$router.push({ path: `/user/${userId}` })
//这里的 params 不生效 => /user
this.$router.push({ path: '/user', params: { userId }})
```

2. go 方法

当使用 go 方法时，可以在 history 记录中前进或者后退多步，也就是说通过 go 方法可以在已经存储的 history 路由历史中来回跳转。

```
//在浏览器记录中前进一步，等同于 history.forward()
this.$router.go(1)
//后退一步记录，等同于 history.back()
this.$router.go(-1)
//前进 3 步记录
this.$router.go(3)
```

3. replace 方法

replace 方法同样可以实现路由跳转的目的。从名字中可以看出，与使用 push 方法跳转不同的是，使用 replace 方法时并不会往 history 栈中新增一条新的记录，而是会替换掉当前的记录，因此无法通过后退按钮回到被替换前的页面。

```
this.$router.replace({
    path: '/special'
})
```

下面示例通过编程式路由实现路由间的切换。

【例 18.7】实现路由间的切换（源代码\ch18\18.7.html）。

```html
<style>
    .style1{
        background: #0BB20C;
        color: white;
        height: 100px;
    }
</style>
<body>
<div id="app">
    <div class="main">
        <div >
            <button @click="next">前进</button>
            <button @click="goFirst">第 1 页</button>
            <button @click="goSecond">第 2 页</button>
            <button @click="goThird">第 3 页</button>
            <button @click="goFourth">第 4 页</button>
            <button @click="pre">后退</button>
              <button @click="replace">替换当前页为特殊页</button>
        </div>
```

```
        <div class="style1">
            <router-view></router-view>
        </div>
    </div>
</div>
<script src="https://unpkg.com/vue@next"></script>
<!--引入 Vue Router-->
<script src="https://unpkg.com/vue-router@next"></script>
<script>
    //1.定义路由跳转的组件模板
    const first = {
        template: '<h3>花时同醉破春愁，醉折花枝作酒筹。</h3>'
    };;
    const second = {
        template: '<h3>忽忆故人天际去，计程今日到梁州。</h3>'
    };
    const third = {
        template: '<h3>圭峰霁色新，送此草堂人。</h3>'
    };
    const fourth = {
        template: '<h3>终有烟霞约，天台作近邻。</h3>'
    };
    const special = {
        template: '<h3>特殊页面的内容</h3>'
    };
    //2.定义路由信息
    const routes = [
            {
                path: '/first',
                component: first
            },
            {
                path: '/second',
                component: second
            },
            {
                path: '/third',
                component: third
            },
            {
                path: '/fourth',
                component: fourth
            },
            {
                path: '/special',
                component: special
            }
        ];
    const router= VueRouter.createRouter({
        //提供要实现的 history 实现。为了方便起见，这里使用 hash history
```

```
        history:VueRouter.createWebHashHistory(),
        routes    //简写，相当于 routes: routes
    });
    const vm= Vue.createApp({
        data(){
            return{
            }
        },
                methods: {
            goFirst:function() {
                this.$router.push({
                    path: '/first'
                })
            },
            goSecond:function() {
                this.$router.push({
                    path: '/second'
                })
            },
            goThird:function() {
                this.$router.push({
                    path: '/third'
                })
            },
            goFourth:function() {
                this.$router.push({
                    path: '/fourth'
                })
            },
            next:function() {
                this.$router.go(1)
            },
            pre:function() {
                this.$router.go(-1)
            },
            replace:function() {
                this.$router.replace({
                    path: '/special'
                })
            }
        },
        router: router
    });
    //使用路由器实例，从而让整个应用都有路由功能
    vm.use(router);
    vm.mount('#app');
</script>
```

运行程序，单击"第 4 页"按钮，效果如图 18-10 所示。

图 18-10　实现路由间的切换

18.6　组件与 Vue Router 之间解耦

在使用路由传参的时候，将组件与 Vue Router 强制绑定在一起，这意味着在任何需要获取路由参数的地方都需要加载 Vue Router，使组件只能在某些特定的 URL 上使用，限制了其灵活性。那如何解决这种强绑定呢？

在之前介绍组件相关的知识时，提到了可以通过组件的 props 选项来实现子组件接收父组件传递的值。而在 Vue Router 中，同样提供了通过使用组件的 props 选项来进行解耦的功能。

18.6.1　布尔模式

下面的示例在定义路由模板时，指定需要传的参数为 props 选项中的一个数据项，在定义路由规则时指定 props 属性值为 true，即可实现组件与 Vue Router 之间的解耦。此解耦方式就是布尔模式。

【例 18.8】布尔模式（源代码\ch18\18.8.html）。

```html
<style>
    .style1{
        background: #0BB20C;
        color: white;
    }
</style>
<body>
<div id="app">
    <div class="main">
        <div >
            <button @click="next">前进</button>
            <button @click="goFirst">第 1 页</button>
            <button @click="goSecond">第 2 页</button>
            <button @click="goThird">第 3 页</button>
            <button @click="goFourth">第 4 页</button>
            <button @click="pre">后退</button>
            <button @click="replace">替换当前页为特殊页</button>
        </div>
        <div class="style1">
```

```
            <router-view></router-view>
        </div>
    </div>
</div>
<script src="https://unpkg.com/vue@next"></script>
<!--引入 Vue Router-->
<script src="https://unpkg.com/vue-router@next"></script>
<script>
    //1.定义路由跳转的组件模板
    const first = {
        template: '<h3>花时同醉破春愁，醉折花枝作酒筹。</h3>'
    };
    const second = {
        template: '<h3>忽忆故人天际去，计程今日到梁州。</h3>'
    };
    const third = {
        props: ['id'],
        template: '<h3>圭峰霁色新，送此草堂人。---{{id}}</h3>'
    };
    const fourth = {
        template: '<h3>终有烟霞约，天台作近邻。</h3>'
    };
    const special = {
        template: '<h3>特殊页面的内容</h3>'
    };
    //2.定义路由信息
    const routes = [
        {
            path: '/first',
            component: first
        },
        {
            path: '/second',
            component: second
        },
        {
            path: '/third/:id',
            component: third,
            props: true
        },
        {
            path: '/fourth',
            component: fourth
        },
        {
            path: '/special',
            component: special
        }
    ];
```

```
const router= VueRouter.createRouter({
    //提供要实现的 history 实现。为了方便起见，这里使用 hash history
    history:VueRouter.createWebHashHistory(),
    routes    //简写，相当于 routes: routes
});
const vm= Vue.createApp({
    data(){
        return{
        }
    },
        methods: {
        goFirst:function() {
            this.$router.push({
                path: '/first'
            })
        },
        goSecond:function() {
            this.$router.push({
                path: '/second'
            })
        },
        goThird:function() {
            this.$router.push({
                path: '/third'
            })
        },
        goFourth:function() {
            this.$router.push({
                path: '/fourth'
            })
        },
        next:function() {
            this.$router.go(1)
        },
        pre:function() {
            this.$router.go(-1)
        },
        replace:function() {
            this.$router.replace({
                path: '/special'
            })
        }
    },
    router: router
});
//使用路由器实例，从而让整个应用都有路由功能
vm.use(router);
vm.mount('#app');
</script>
```

运行程序，单击"第 3 页"按钮，并在 URL 路径中添加"/abc"，然后按 Enter 键，效果如图 18-11 所示。

图 18-11　布尔模式

提示：上面示例采用 param 传参的方式进行参数传递，而在组件中并没有加载 Vue Router 实例，也完成了对路由参数的获取。采用此方法，只能实现基于 param 方式进行传参的解耦。

18.6.2　对象模式

针对定义路由规则时指定 props 属性值为 true 这一种情况，在 Vue Router 中，还可以将路由规则的 props 属性定义成一个对象或是函数，注意，此时并不能实现组件与 Vue Router 之间的解耦。

将路由规则的 props 定义成对象后，此时不管在路由参数中传递何值，最终获取的都是对象中的值。需要注意的是，props 中的属性值必须是静态的，不能采用类似于子组件同步获取父组件传递的值作为 props 中的属性值的方式。

【例 18.9】对象模式（源代码\ch18\18.9.html）。

```html
<!DOCTYPE html>
<html>
<head>
    <meta charset="UTF-8">
    <title>对象模式</title>
</head>
<body>
<style>
    .style1{
        background: #0BB20C;
        color: white;
    }
</style>
<body>
<div id="app">
    <div class="main">
        <div >
            <button @click="next">前进</button>
            <button @click="goFirst">第 1 页</button>
            <button @click="goSecond">第 2 页</button>
            <button @click="goThird">第 3 页</button>
            <button @click="goFourth">第 4 页</button>
```

```
        <button @click="pre">后退</button>
            <button @click="replace">替换当前页为特殊页</button>
        </div>
      <div class="style1">
          <router-view></router-view>
      </div>
    </div>
</div>
<script src="https://unpkg.com/vue@next"></script>
<!--引入 Vue Router-->
<script src="https://unpkg.com/vue-router@next"></script>
<script>
    //1.定义路由跳转的组件模板
    const first = {
        template: '<h3>花时同醉破春愁，醉折花枝作酒筹。</h3>'
    };
    const second = {
        template: '<h3>忽忆故人天际去，计程今日到梁州。</h3>'
    };
    const third = {
        props: ['name'],
        template: '<h3>圭峰霁色新，送此草堂人。---{{name}}</h3>'
    };
    const fourth = {
        template: '<h3>终有烟霞约，天台作近邻。</h3>'
    };
    const special = {
        template: '<h3>特殊页面的内容</h3>'
    };
    //2.定义路由信息
    const routes = [
            {
                path: '/first',
                component: first
            },
            {
                path: '/second',
                component: second
            },
            {
                path: '/third/:name',
                component: third,
                props: {
                    name: 'gushi'
                },
            },
            {
                path: '/fourth',
                component: fourth
            },
```

```
            {
                path: '/special',
                component: special
            }
        ];
    const router= VueRouter.createRouter({
        //提供要实现的 history 实现。为了方便起见，这里使用 hash history
        history:VueRouter.createWebHashHistory(),
        routes     //简写，相当于 routes: routes
    });
    const vm= Vue.createApp({
        data(){
            return{
            }
        },
        methods: {
            goFirst:function() {
                this.$router.push({
                    path: '/first'
                })
            },
            goSecond:function() {
                this.$router.push({
                    path: '/second'
                })
            },
            goThird:function() {
                this.$router.push({
                    path: '/third'
                })
            },
            goFourth:function() {
                this.$router.push({
                    path: '/fourth'
                })
            },
            next:function() {
                this.$router.go(1)
            },
            pre:function() {
                this.$router.go(-1)
            },
            replace:function() {
                this.$router.replace({
                    path: '/special'
                })
            }
        },
        router: router
    });
```

```
    //使用路由器实例，从而让整个应用都有路由功能
    vm.use(router);
    vm.mount('#app');
</script>
</body>
</html>
```

运行程序，单击"第 3 页"按钮，并在 URL 路径中添加"/gushi"，然后按 Enter 键，效果如图 18-12 所示。

图 18-12　对象模式

18.6.3　函数模式

在对象模式中，只能接收静态的 props 属性值，而当使用函数模式之后，就可以对静态值做数据的进一步加工或者与路由传参的值进行结合。这里讲述如何在函数模式下实现解耦。

【例 18.10】函数模式（源代码\ch18\18.10.html）。

```
<style>
    .style1{
        background: #0BB20C;
        color: white;
    }
</style>
<body>
<div id="app">
    <div class="main">
        <div >
            <button @click="next">前进</button>
            <button @click="goFirst">第 1 页</button>
            <button @click="goSecond">第 2 页</button>
            <button @click="goThird">第 3 页</button>
            <button @click="goFourth">第 4 页</button>
            <button @click="pre">后退</button>
            <button @click="replace">替换当前页为特殊页</button>
        </div>
        <div class="style1">
            <router-view></router-view>
        </div>
    </div>
</div>
<script src="https://unpkg.com/vue@next"></script>
<!--引入 Vue Router-->
```

```
<script src="https://unpkg.com/vue-router@next"></script>
<script>
    //1.定义路由跳转的组件模板
    const first = {
        template: '<h3>花时同醉破春愁，醉折花枝作酒筹。</h3>'
    };
    const second = {
        template: '<h3>忽忆故人天际去，计程今日到梁州。</h3>'
    };
    const third = {
        props: ['name',"id"],
        template: '<h3>圭峰霁色新，送此草堂人。---{{name}}——{{id}}</h3>'
    };
    const fourth = {
        template: '<h3>终有烟霞约，天台作近邻。</h3>'
    };
    const special = {
        template: '<h3>特殊页面的内容</h3>'
    };
    //2.定义路由信息
    const routes = [
        {
            path: '/first',
            component: first
        },
        {
            path: '/second',
            component: second },
        {
        path: '/third',
        component: third,
        props: (route)=>({
            id:route.query.id,
            name:"xiaohong"
        })},
        {
            path: '/fourth',
            component: fourth },
        {
            path: '/special',
            component: special
        }];
    const router= VueRouter.createRouter({
        //提供要实现的 history 实现。为了方便起见，这里使用 hash history
        history:VueRouter.createWebHashHistory(),
        routes    //简写，相当于 routes: routes
    });
    const vm= Vue.createApp({
        data(){
            return{}
        },
        methods: {
            goFirst:function() {
```

```
                this.$router.push({
                    path: '/first'
                })
            },
            goSecond:function() {
                this.$router.push({
                    path: '/second'
                })
            },
            goThird:function() {
                this.$router.push({
                    path: '/third'
                })
            },
            goFourth:function() {
                this.$router.push({
                    path: '/fourth'
                })
            },
            next:function() {
                this.$router.go(1)
            },
            pre:function() {
                this.$router.go(-1)
            },
            replace:function() {
                this.$router.replace({
                    path: '/special'
                })
            }
        },
        router: router
    });
    vm.use(router);        //使用路由器实例，从而让整个应用都有路由功能
    vm.mount('#app');
</script>
```

运行程序，单击"第 3 页"按钮，并在 URL 路径中输入"?id=123456"，然后按 Enter 键，效果如图 18-13 所示。

图 18-13　函数模式

第19章

使用 axios 与服务器通信

在实际项目开发中，前端页面所需要的数据往往需要从服务器端获取，这必然涉及与服务器之间的通信，Vue 推荐使用 axios 来完成 Ajax 请求。本章将介绍流行的网络请求库 axios，它是对 Ajax 的封装。因为其功能单一，只是发送网络请求，所以容量很小。axios 也可以和其他框架结合使用。下面就来看一下 Vue 如何使用 axios 来请求服务器数据。

19.1 什么是 axios

在实际开发中，或多或少都会进行网络数据的交互，一般都是使用工具来完成。现在比较流行的就是 axios。axios 是一个基于 Promise 的 HTTP 库，可以用在浏览器和 Node.js 中。

axios 具有以下特性：

（1）从浏览器中创建 XMLHttpRequests。

（2）从 Node.js 中创建 HTTP 请求。

（3）支持 Promise API。

（4）拦截请求和响应。

（5）转换请求数据和响应数据。

（6）取消请求。

（7）自动转换 JSON 数据。

（8）客户端支持防御 XSRF（跨站点请求伪造）。

19.2　安装 axios

axios 的安装方式有以下几种。

1. 使用 CDN 安装

使用 CDN 安装 axios 的代码如下：

```
<script src="https://unpkg.com/axios/dist/axios.min.js"></script>
```

2. 使用 NPM 安装

在 Vue 脚手架中使用 axios 时，可以使用 NPM 安装，命令如下：

```
npm install axios  --save
```

或者使用 YARN 安装，命令如下：

```
yarn add axios  --save
```

安装完成后，在 main.js 文件中导入 axios，并绑定到 Vue 的原型链上，代码如下：

```
//引入 axios
import axios from 'axios'
//绑定到 Vue 的原型链上
Vue.prototype.$axios=axios;
```

这样配置完成后，就可以在组件中通过 this.$axios 来调用 axios 的方法发送请求。

19.3　基本用法

本节介绍 axios 的两种请求方式——get 请求和 post 请求，以及如何请求 JSON 数据、跨域请求数据和并发请求。

19.3.1　get 请求和 post 请求

1. get 请求

在 Vue 脚手架中执行 get 请求，格式如下：

```
this.$axios.get('/url?key=value&id=1')
   .then(function(response){
      //成功时调用
     console.log(response)
   })
   .catch(function(response){
      //错误时调用
     console.log(response)
   })
```

get 请求接收一个 URL 地址，也就是请求的接口；then 方法在请求响应完成时触发，其中形参代表响应的内容；catch 方法在请求失败时触发，其中形参代表错误的信息。如果要发送数据，则以查询字符串的形式附加在 URL 后面，以"？"分隔，数据以 key=value 的形式连接，不同数据之间以"&"分隔。

如果不喜欢 URL 后附加查询参数的方式，可以给 get 请求传递一个配置对象作为参数，在配置对象中使用 params 指定要发送的数据。代码如下：

```
this.$axios.get('/url',{
    params:{
      key:value,
      id:1
    }
})
.then(function (response) {
    console.log(response);
})
.catch(function (error) {
    console.log(error);
});
```

2. post 请求

post 请求和 get 请求基本一致，不同的是数据以对象的形式作为 post 请求的第二个参数，对象中的属性就是要发送的数据。格式如下：

```
this.$axios.post('/user',{
    username:"jack",
    password:"123456"
})
.then(function(response){
        //成功时调用
    console.log(response)
})
.catch(function(response){
     //错误时调用
    console.log(response)
})
```

接收到响应的数据后，axios 需要对响应的信息进行处理，例如，设置用于组件渲染或更新所需要的数据。回调函数中的 response 是一个对象，它的常用属性是 data 和 status，data 用于获取响应的数据，status 是 HTTP 状态码。response 对象的完整属性说明如下：

```
{
  //config 是为请求提供的配置信息
  config:{},
  //data 是服务器发回的响应数据
  data:{},
  //headers 是服务器响应的消息报头
  headers:{},
  //request 是生成响应的请求
```

```
requset:{},
//status 是服务器响应的 HTTP 状态码
status:200,
//statusText 是服务器响应的 HTTP 状态描述
statusText:'ok',
}
```

成功响应后，获取数据的一般处理形式如下：

```
this.$axios.get('http://localhost:8080/data/user.json')
    .then(function (response){
      //user 属性在 Vue 实例的 data 选项中定义
      this.user=response.data;
    })
    .catch(function(error){
      console.log(error);
    })
```

如果出现错误，则会调用 catch 方法中的回调函数，并向该回调函数传递一个错误对象。错误处理的一般形式如下：

```
this.$axios.get('http://localhost:8080/data/user.json')
    ...
    .catch(function(error){
      if(error.response){
        //请求已发送并接收到服务器响应，但响应的状态码不是 200
        console.log(error.response.data);
        console.log(error.response.status);
        console.log(error.response.headers);
      }else if(error.response){
        //请求已发送，但未接收到响应
        console.log(error.request);
      }else{
        console.log("Error",error.message);
      }
      console.log(error.config);
    })
```

19.3.2　请求 JSON 数据

已经了解了 get 和 post 请求，下面就来看一个使用 axios 请求 JSON 数据的示例。具体操作步骤如下：

步骤01 首先使用 Vue 脚手架创建一个项目，命名为 axiosdemo，配置选项默认即可。创建完成之后通过 cd 命令进入到项目的根目录，然后安装 axios：

```
npm install axios --save
```

步骤02 安装完成之后，在 main.js 文件中配置 axios，具体请参考 19.2 节。

步骤03 axios 配置完成后，在目录中的 public 文件夹下创建一个 data 文件夹，在该文件夹中创建一个 JSON 文件 user.json。user.json 内容如下：

```
[
  {
    "name": "小明",
    "pass": "123456"
  },
  {
    "name": "小红",
    "pass": "456789"
  }
]
```

提示：JSON 文件必须放在 public 文件夹下面，放在其他位置是请求不到数据的。

步骤 04 在 HelloWorld.vue 文件中使用 get 请求 JSON 数据，具体代码如下：

```
<template>
  <div class="hello"></div>
</template>
<script>
export default {
  name: 'HelloWorld',
  created() {
    this.$axios.get('http://localhost:8080/data/user.json')
        .then(function (response) {
          console.log(response);
        })
        .catch(function(error){
          console.log(error);
        })
  }
}
</script>
```

其中，http://localhost:8080 是运行 axiosdemo 项目时给出的地址，data/user.json 指 public 文件夹下的 data/user.json。

步骤 05 在浏览器中输入 http://localhost:8080 运行项目，打开控制台，可以发现控制台中已经显示了 user.json 文件中的内容，如图 19-1 所示。

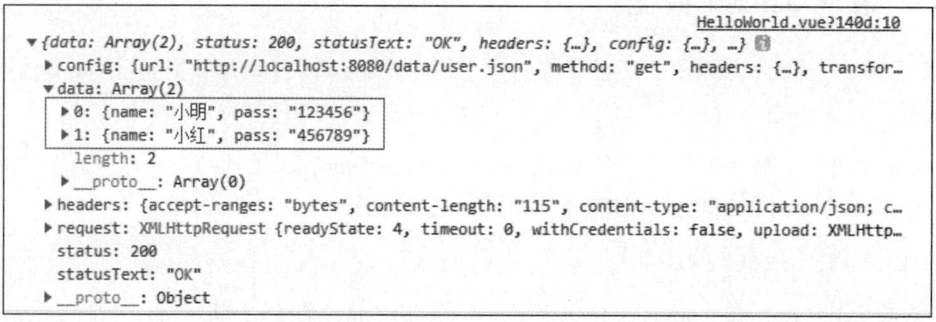

```
                                                    HelloWorld.vue?140d:10
▼{data: Array(2), status: 200, statusText: "OK", headers: {…}, config: {…}, …}
  ▶config: {url: "http://localhost:8080/data/user.json", method: "get", headers: {…}, transfor…
  ▼data: Array(2)
    ▶0: {name: "小明", pass: "123456"}
    ▶1: {name: "小红", pass: "456789"}
     length: 2
    ▶__proto__: Array(0)
  ▶headers: {accept-ranges: "bytes", content-length: "115", content-type: "application/json; c…
  ▶request: XMLHttpRequest {readyState: 4, timeout: 0, withCredentials: false, upload: XMLHttp…
   status: 200
   statusText: "OK"
  ▶__proto__: Object
```

图 19-1　请求 JSON 数据

19.3.3　跨域请求数据

在上一节的示例中，使用 axios 请求同域下面的 JSON 数据，而实际情况往往都是跨域请求数据。具体操作步骤如下：

步骤 01 在 Vue CLI 中要想实现跨域请求，需要配置一些内容。

① 首先在 axiosdemo 项目目录中创建一个 vue.config.js 文件，该文件是 Vue 脚手架项目的配置文件，在这个文件中设置反向代理：

```
module.exports = {
    devServer: {
        proxy: {
            //api 是后端数据接口的路径
            '/api': {
                //后端数据接口的地址
                target: 'https://yiketianqi.com/api?version=v9&appid=24782869&
appsecret=Vfo8Bk9S',
                changeOrigin: true,   //允许跨域
                pathRewrite: {
                    '^/api': ''        //调用时用 api 替代根路径
                }
            }
        }
    },
    lintOnSave:false  //关闭 eslint 校验
}
```

其中 target 属性中的路径是一个免费的天气预报 API 接口，接下来就使用这个接口来实现跨域访问。

② 访问 http://www.tianqiapi.com/index，打开"API 文档"，注册自己的开发账号，然后进入到个人中心，选择"专业 7 日天气"，如图 19-2 所示。

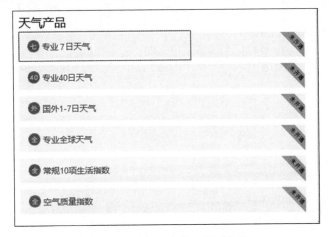

图 19-2　选择"专业 7 日天气"

③ 进入专业 7 日天气的接口界面，界面中会给出请求的一个路径，这个路径就是我们跨域请

求的地址。

步骤 02 完成上面的配置，然后在 axiosdemo 项目的 HelloWorld.vue 组件中进行跨域请求：

```
<template>
  <div class="hello">
    {{city}}
  </div>
</template>
<script>
export default {
  name: 'HelloWorld',
  data(){
    return{
      city:""
    }
  },
  created() {
    //保存 Vue 实例，因为是在 axios 中，所以 this 指向的不是 Vue 实例而是 axios
    var that=this;
    this.$axios.get('/api')
        .then(function (response) {
          that.city =response.data.city
          console.log(response);
        })
        .catch(function(error){
          console.log(error);
        })
  }
}
</script>
```

步骤 03 在浏览器中运行 axiosdemo 项目，在控制台中就可以看到跨域请求的数据了，页面中也会显示请求的城市，如图 19-3 所示。

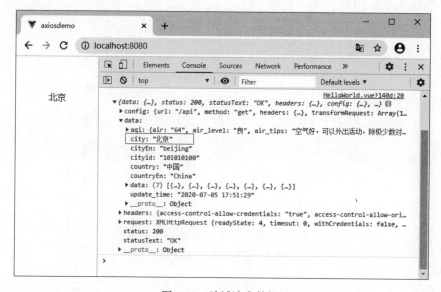

图 19-3 跨域请求数据

19.3.4　并发请求

很多时候,可能需要同时调用多个后台接口,这时可以利用 axios 提供的并发请求助手函数来实现:

```
axios.all(iterable)
axios.spread(callback)
```

下面结合前面两节的示例,修改 HelloWorld 组件的内容,实现同时请求 JSON 数据和跨域请求数据。

```
<template>
  <div class="hello"></div>
</template>
<script>
export default {
  name: 'HelloWorld',
    //定义请求方法
    get1:function(){
      return this.$axios.get('http://localhost:8080/data/user.json');
    },
    get2:function(){
      return this.$axios.get('/api');
    }
  },
  created() {
    var that=this;
    this.$axios.all([that.get1(), that.get2()])
          .then(this.$axios.spread(function (get1, get2) {
            //两个请求现在都执行完成
            //get1 是 that.get1()方法请求的响应结果
            //get2 是 that.get2()方法请求的响应结果
            console.log(get1);
            console.log(get2);
          }));
  }
}
</script>
```

在浏览器中运行项目,可以看到在控制台中显示了两条数据,如图 19-4 所示。

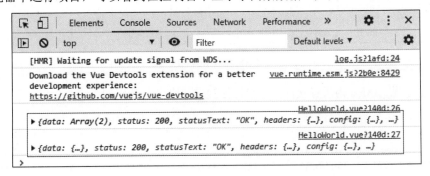

图 19-4　并发请求

19.4 axios API

我们可以通过向 axios 传递相关配置来创建请求。

get 请求和 post 请求的调用形式如下：

```
//发送 get 请求
this.$axios({
    method:'get',
    url: '/user/12345',
});
//发送 post 请求
this.$axios({
    method: 'post',
    url: '/user/12345',
    data: {
        firstName: 'Fred',
        lastName: 'Flintstone'
    }
});
```

例如使用 get 请求天气预报接口，修改 HelloWorld 组件的代码如下：

```
//发送 get 请求
this.$axios({
    method:'get',
    url: '/api',
    }).then(function(response){
        console.log(response)
    });
```

在浏览器中运行 axiosdemo 项目，结果如图 19-5 所示。

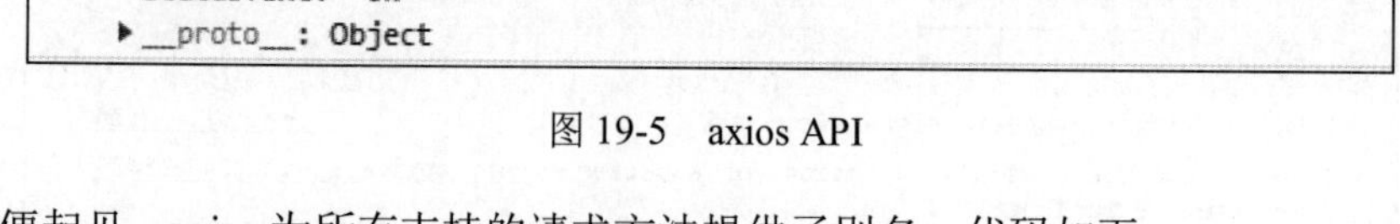

图 19-5 axios API

为了方便起见，axios 为所有支持的请求方法提供了别名。代码如下：

```
axios.request(config)
axios.get(url[, config])
axios.delete(url[, config])
axios.head(url[, config])
axios.post(url[, data[, config]])
```

```
axios.put(url[, data[, config]])
axios.patch(url[, data[, config]])
```

在使用别名方法时，url、method、data 这些属性都不必在配置中指定。

19.5　请求配置

axios 为请求提供了配置对象，在该对象中可以设置很多选项，常用的是 url、method、headers 和 params。其中只有 url 是必需的，如果没有指定 method，请求将默认使用 get 方法。配置对象完整内容如下：

```
{
  //url 是用于请求的服务器 URL
  url: '/user',

  //method 是创建请求时使用的方法
  method: 'get', //默认是 get

  //baseURL 将自动加在 url 前面，除非 url 是一个绝对 URL。可以通过设置一个 baseURL 为 axios 实例的方法传递相对 URL
  baseURL: 'https://some-domain.com/api/',

  //transformRequest 允许在向服务器发送请求前，修改请求数据；只能用在 'PUT', 'POST' 和 'PATCH' 这几个请求方法中后面数组中的函数必须返回一个字符串，或 ArrayBuffer，或 Stream
  transformRequest: [function (data) {
    //对 data 进行任意转换处理
    return data;
  }],

  //transformResponse 在传递给 then/catch 前，允许修改响应数据
  transformResponse: [function (data) {
    //对 data 进行任意转换处理
    return data;
  }],

  //headers 是即将被发送的自定义请求头
  headers: {'X-Requested-With': 'XMLHttpRequest'},

  //params 是即将与请求一起发送的 URL 参数；必须是一个无格式对象(plain object)或 URLSearchParams 对象
  params: {
    ID: 12345
  },

  //paramsSerializer 是一个负责 params 序列化的函数
  //(e.g. https://www.npmjs.com/package/qs, http://api.jquery.com/jquery.param/)
  paramsSerializer: function(params) {
    return Qs.stringify(params, {arrayFormat: 'brackets'})
  },
```

```
//data 是作为请求主体被发送的数据；只适用于'PUT', 'POST' 和 'PATCH'这几个请求方法
//在没有设置 transformRequest 时, data 必须是以下类型之一：- string, plain object,
ArrayBuffer, ArrayBufferView, URLSearchParams
//- 浏览器专属：FormData, File, Blob
//- Node 专属： Stream
data: {
  firstName: 'Fred'
},

//timeout 指定请求超时的毫秒数(0 表示无超时时间)。如果请求耗时超过 timeout 的时间，请求
将被中断
timeout: 1000,

//withCredentials 表示跨域请求时是否需要使用凭证
withCredentials: false, //默认的

//adapter 允许自定义处理请求，以使测试更轻松；返回一个 promise 并应用一个有效的响应 (查
阅 [response docs](#response-api)).
adapter: function (config) {
  /* ... */
},

//auth 表示应该使用 HTTP 基础验证，并提供凭据。这将设置一个 Authorization 头，覆写掉现
有的任意使用 headers 设置的自定义 Authorization 头
auth: {
  username: 'janedoe',
  password: 's00pers3cret'
},

//responseType 表示服务器响应的数据类型，可以是 'arraybuffer'、'blob'、'document'、
'json'、'text'、'stream'
responseType: 'json', //默认的

//xsrfCookieName 用作 xsrf token 的值的 cookie 的名称
xsrfCookieName: 'XSRF-TOKEN', //default

//xsrfHeaderName 是承载 xsrf token 的值的 HTTP 头的名称
xsrfHeaderName: 'X-XSRF-TOKEN', //默认的

//onUploadProgress 允许为上传处理进度事件
onUploadProgress: function (progressEvent) {
  //对原生进度事件的处理
},

//onDownloadProgress 允许为下载处理进度事件
onDownloadProgress: function (progressEvent) {
  //对原生进度事件的处理
},

//maxContentLength 定义允许的响应内容的最大尺寸
maxContentLength: 2000,

//validateStatus 定义对于给定的 HTTP 响应状态码是 resolve 或 reject promise。如果
validateStatus 返回 true（或者设置为 null 或 undefined），则 promise 将被 resolve，否则 pr
omise 将被 rejecte
```

```
validateStatus: function (status) {
  return status >= 200 && status < 300; //默认的
},

//maxRedirects 定义在 Node.js 中 follow 的最大重定向数目。如果设置为 0，将不会 follow
任何重定向
maxRedirects: 5, //默认的

//httpAgent 和 httpsAgent 分别在 Node.js 中定义在执行 http 和 https 时使用的自定义代
理。允许像下面这样配置选项：
httpAgent: new http.Agent({ keepAlive: true }),
httpsAgent: new https.Agent({ keepAlive: true }),  //keepAlive 默认没有启用

//proxy 定义代理服务器的主机名称和端口
//auth 表示 HTTP 基础验证应当用于连接代理，并提供凭据
//这将会设置一个 Proxy-Authorization 头，覆写掉已有的通过使用 header 设置的自定义 Pro
xy-Authorization 头
proxy: {
  host: '127.0.0.1',
  port: 9000,
  auth: : {
    username: 'mikeymike',
    password: 'rapunz3l'
  }
},

//cancelToken 指定用于取消请求的 cancel token
cancelToken: new CancelToken(function (cancel) {
  })
}
```

19.6　创建实例

可以使用自定义配置新建一个 axios 实例，之后使用该实例向服务器端发起请求，就不用每次请求时重复设置选项了。使用 axios.create 方法创建 axios 实例的代码如下：

```
axios.create([config])
var instance = axios.create({
    baseURL: 'https://some-domain.com/api/',
    timeout: 1000,
    headers: {'X-Custom-Header': 'foobar'}
});
```

19.7　配置默认选项

使用 axios 请求时，对于相同的配置选项，可以设置为全局的 axios 默认值。配置选项在 Vue 的 main.js 文件中设置，代码如下：

```
axios.defaults.baseURL = 'https://api.example.com';
axios.defaults.headers.common['Authorization'] = AUTH_TOKEN;
axios.defaults.headers.post['Content-Type'] = 'application/x-www-form-urlenc
oded';
```

也可以在自定义实例中配置默认值，这些配置选项只有在使用该实例发起请求时才生效。代码如下：

```
//创建实例时设置配置的默认值
var instance = axios.create({
    baseURL: 'https://api.example.com'
});
//在实例已创建后修改默认值
instance.defaults.headers.common['Authorization'] = AUTH_TOKEN;
```

配置会以一个优先顺序进行合并。先在 lib/defaults.js 中找到库的默认值，然后是实例的 defaults 属性，最后是请求的 config 参数。后者将优先于前者。例如：

```
//使用由库提供的配置的默认值来创建实例
//此时超时配置的默认值是 0
var instance = axios.create();
//覆写库的超时默认值
//在超时前，所有请求都会等待 2.5 秒
instance.defaults.timeout = 2500;
//为已知的需要花费很长时间的请求覆写超时设置
instance.get('/longRequest', {
    timeout: 5000
});
```

19.8 拦截器

拦截器在请求或响应被 then 方法或 catch 方法处理前拦截它们，以便对请求或响应做一些操作。

```
//添加请求拦截器
axios.interceptors.request.use(function (config) {
    //在发送请求之前做些什么
    return config;
  }, function (error) {
    //对请求错误做些什么
    return Promise.reject(error);
});
//添加响应拦截器
axios.interceptors.response.use(function (response) {
    //对响应数据做些什么
    return response;
  }, function (error) {
    //对响应错误做些什么
    return Promise.reject(error);
});
```

如果想移除不再需要的拦截器，可以执行下面代码：

```
var myInterceptor = axios.interceptors.request.use(function () {/*...*/});
axios.interceptors.request.eject(myInterceptor);
```

可以为自定义 axios 实例添加拦截器：

```
var instance = axios.create();
instance.interceptors.request.use(function () {/*...*/});
```

19.9　项目实战——显示近 7 日的天气情况

下面使用 axios 请求天气预报的接口，在页面中显示近 7 日的天气情况。具体代码如下：

```
<template>
  <div class="hello">
    <h2>{{city}}</h2>
    <h4>今天：{{date}} {{week}}</h4>
    <h4>{{message}}</h4>
    <ul>
      <li v-for="item in obj">
        <div>
          <h3>{{item.date}}</h3>
          <h3>{{item.week}}</h3>
          <img :src="get(item.wea_img)" alt="">
          <h3>{{item.wea}}</h3>
        </div>
      </li>
    </ul>
  </div>
</template>
<script>
export default {
  name: 'HelloWorld',
  data(){
    return{
      city:"",
      obj:[],
      date:"",
      week:"",
      message:""
    }
  },
  methods:{
    get(sky){     //定义 get 方法，拼接图片的路径
      return "durian/"+sky+".png"
    }
  },
  created() {
    this.get();   //在页面开始加载时调用 get 方法
    var that=this;
    this.$axios.get("/api")
      .then(function(response){
        //处理数据
```

```
            that.city=response.data.city;
            that.obj=response.data.data;
            that.date=response.data.data[0].date;
            that.week=response.data.data[0].week;
            that.message=response.data.data[0].air_tips;
        })
        .catch(function(error){
          console.log(error)
        })
    }
  }
</script>
<style scoped>
  h2,h4{
    text-align: center;
  }
  li{
    float: left;
    list-style: none;
    width: 200px;
    text-align: center;
    border: 1px solid red;
  }
</style>
```

在浏览器中运行 axiosdemo 项目，页面效果如图 19-6 所示。

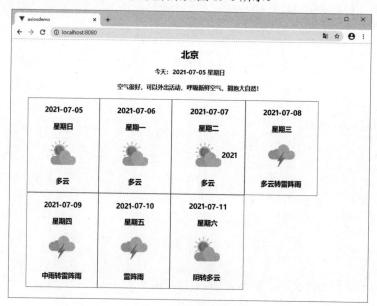

图 19-6 近 7 日天气情况

第 20 章

使用 Vuex 管理组件状态

在第 16 章中介绍了父子组件之间的通信方法。在实际项目开发中，经常会遇到多个组件需要访问同一数据的情况，且都需要根据数据的变化做出响应，而这些组件之间可能并不是父子组件这种简单的关系。这种情况下，就需要一个全局的状态管理方案。Vuex 是一个数据管理的插件，是实现组件全局状态（数据）管理的一种机制，可以方便地实现组件之间数据的共享。

20.1 什么是 Vuex

Vuex 是一个专为 Vue.js 应用程序开发的状态管理模式。它采用集中式存储管理应用的所有组件的数据，并以相应的规则保证数据以一种可预测的方式发生变化。Vuex 也集成在 Vue 的官方调试工具 devtools 中，提供了诸如零配置的 time-travel 调试、状态快照导入导出等高级调试功能。

Vuex 是如何产生的呢？

通常状态管理应用包含以下 3 个部分：

（1）State：驱动应用的数据源。

（2）View：以声明方式将 state 映射到视图。

（3）Actions：响应在 view 上的用户输入导致的状态变化。

State、View 和 Action 形成单向数据流，如图 20-1 所示。

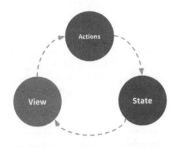

图 20-1 单向数据流

但是，当应用遇到多个组件共享状态时，单向数据流的简洁性很容易被破坏，会出现以下两个问题：

（1）多个视图依赖于同一状态。

（2）来自不同视图的行为需要变更同一状态。

对于问题一，传参的方法对于多层嵌套的组件将会非常烦琐，并且对于兄弟组件间的状态传递无能为力。

对于问题二，经常会采用父子组件直接引用或者通过事件来变更和同步状态的多份复制。

以上这些模式非常脆弱，通常会产生无法维护的代码。因此，我们为什么不把组件的共享状态抽取出来，以一个全局单例模式管理呢？在这种模式下，组件树构成了一个巨大的"视图"，不管在树的哪个位置，任何组件都能获取状态或者触发行为。

通过定义和隔离状态管理中的各种概念，并通过强制规则维持视图和状态间的独立性，代码将会变得更结构化且易于维护。

这就是 Vuex 产生的背景，它借鉴了 Flux、Redux 和 The Elm Architecture 的思想。与其他管理模式不同的是，Vuex 是专门为 Vue.js 设计的状态管理库，以利用 Vue.js 的细粒度数据响应机制来进行高效的状态更新。

使用 Vuex 统一管理数据有以下 3 个好处：

（1）能够在 Vuex 中集中管理共享的数据，易于开发和后期维护。

（2）能够高效地实现组件之间的数据共享，提高开发效率。

（3）存储在 Vuex 中的数据是响应式的，能够实时保持数据与页面的同步。

20.2　安装 Vuex

Vuex 使用 CDN 方式安装：

```
<!-- 引入最新版本-->
<script src="https://unpkg.com/vuex@next"></script>
<!-- 引入指定版本-->
<script src="https://unpkg.com/vuex@4.0.0-rc.1"></script>
```

在使用 Vue 脚手架开发项目时，可以使用 NPM 或 YARN 安装 Vuex：

```
npm install vuex@next --save
yarn add vuex@next --save
```

安装完成之后，还需要在 main.js 文件中导入 createStore，并调用该方法创建一个 store 实例，然后使用 use()来安装 Vuex 插件。代码如下：

```
import {createApp} from 'vue'
//引入Vuex
import {createStore} from 'vuex'
```

```
//创建新的 store 实例
const store = createStore({
    state(){
        return{
        count:1
}
    }
})
const app = createApp({})
//安装 Vuex 插件
app.use(store)
```

20.3　在项目中使用 Vuex

下面来看一下，在脚手架搭建的项目中如何使用 Vuex 的对象。

20.3.1　搭建一个项目

下面使用脚手架来搭建一个项目 myvuex，具体操作步骤如下：

步骤 01 使用 vue create sassdemo 命令创建项目，选择手动配置模块，如图 20-2 所示。

步骤 02 按 Enter 键，进入模块配置界面，然后通过空格键选择要配置的模块，这里选择"Vuex"来配置预处理器，如图 20-3 所示。

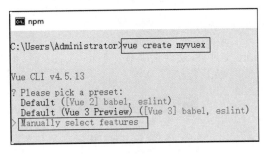

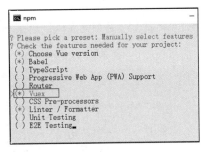

图 20-2　手动配置模块　　　　　　　　　　　　　图 20-3　模块配置界面

步骤 03 按 Enter 键，进入选择版本界面，这里选择"3.x（Preview）"选项，如图 20-4 所示。

步骤 04 按 Enter 键，进入代码格式和校验选项界面，这里选择默认的第 1 项，表示仅用于错误预防，如图 20-5 所示。

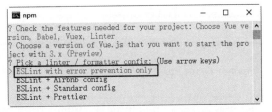

图 20-4　选择"3.x（Preview）"选项　　　　　　图 20-5　代码格式和校验选项界面

步骤 05 按 Enter 键，进入何时检查代码界面，这里选择默认的第 1 项，表示保存时检测，如图 20-6 所示。

步骤 06 按 Enter 键，接下来设置如何保存配置信息，第 1 项表示在专门的配置文件中保存配置信息，第 2 项表示在 package.json 文件中保存配置信息，这里选择第 1 项，如图 20-7 所示。

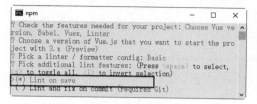

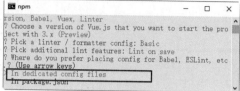

图 20-6　何时检查代码界面

图 20-7　设置如何保存配置信息

步骤 07 按 Enter 键，接下来设置是否保存本次配置，如果选择保存本次配置，以后再使用 vue create 命令创建项目时，就会出现保存过的配置供用户选择。这里输入"y"，表示保存本次配置，如图 20-8 所示。

步骤 08 按 Enter 键，接下来为本次配置命名，这里输入"mysets"，如图 20-9 所示。

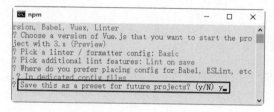

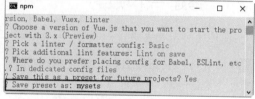

图 20-8　保存本次配置

图 20-9　设置本次配置的名字

步骤 09 按 Enter 键，项目创建完成，结果如图 20-10 所示。

项目创建完成后，目录列表中会出现一个 store 文件夹，文件夹中有一个 index.js 文件，如图 20-11 所示。

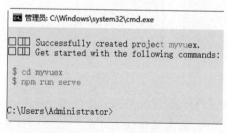

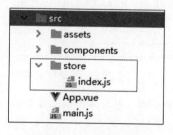

图 20-10　项目创建完成

图 20-11　src 目录结构

index.js 文件的代码如下：

```
import { createStore } from 'vuex'

export default createStore({
  state: {
  },
  mutations: {
```

```
  },
  actions: {
  },
  modules: {
  }
})
```

20.3.2　state 对象

在 myvuex 项目中，可以把共用的数据提取出来，放到状态管理的 state 对象中。在创建项目时已经配置了 Vuex，所以直接在 store 文件夹下的 index.js 文件中编写即可，代码如下：

```
import { createStore } from 'vuex'
export default createStore({
  state: {
    name:"洗衣机",
    price:8600
  },
  mutations: {},
  actions: {},
  modules: {}
})
```

在 HelloWorld.vue 组件中，通过 this.$store.state.xxx 语句可以获取 state 对象的数据。修改 HelloWorld.vue 的代码如下：

```
<template>
  <div>
    <h1>商品名称：{{ name }}</h1>
    <h1>商品价格：{{ price }}</h1>
  </div>
</template>
<script>
export default {
  name: 'HelloWorld',
  computed: {
      name(){
          return this.$store.state.name
      },
      price(){
          return this.$store.state.price
      },
    }
  }
</script>
```

使用 cd mydemo 命令进入项目，然后使用脚手架提供的 npm run serve 命令启动项目。项目启动成功后，会提供本地的测试域名，只需要在浏览器中输入"http://localhost:8080/"，即可打开项目，如图 20-12 所示。

图 20-12　访问 state 对象

20.3.3　getters 对象

有时候从组件中获取 store 中的 state 数据后，需要对其进行加工才能使用，computed 属性中就需要用到写操作函数。如果有多个组件都需要进行这个操作，那么在各个组件中都要写相同的函数，那样就非常烦琐。

这时可以把这个相同的操作写到 store 中的 getters 对象中，每个组件只要引用 getters 就可以了，非常方便。getters 就是把组件中共有的对 state 的操作进行提取，相当于是 state 的计算属性。getters 的返回值会根据它的依赖被缓存起来，并且只有当它的依赖值发生了改变时才会被重新计算。

提示：getters 接收 state 作为其第一个参数。

getters 可以用于监听 state 中的值的变化，返回计算后的结果，这里修改 index.js 和 HelloWorld.vue 文件。

修改 index.js 文件的代码如下（注意代码中加粗部分）：

```
import { createStore } from 'vuex'

export default createStore({
  state: {
    name:"洗衣机",
    price:8600
  },
  getters: {
    getterPrice(state){
      return state.price+=300
    }
  },
  mutations: {
  },
  actions: {
  },
  modules: {
  }
})
```

修改 HelloWorld.vue 的代码如下（注意代码中加粗部分）：

```
<template>
  <div>
    <h1>商品名称: {{ name }}</h1>
    <h1>商品涨价后的价格: {{ getPrice }}</h1>
  </div>
</template>
<script>
export default {
  name: 'HelloWorld',
  computed: {
      name(){
         return this.$store.state.name
       },
      price(){
         return this.$store.state.price
      },
      getPrice(){
         return this.$store.getters.getterPrice
      }
    }
  }
</script>
```

重新运行项目，效果如图 20-13 所示。

图 20-13　getters 对象

和 state 对象一样，getters 对象也有一个辅助函数 mapGetters，它可以将 store 中的 getters 映射到局部计算属性中。首先引入辅助函数 mapGetters：

```
import { mapGetters } from 'vuex'
```

在组件中的 computed 中直接注册使用：

```
...mapGetters([
    'varyFrames'
])
```

如果想将一个 getters 属性另取一个名字，使用对象形式：

```
...mapGetters({
```

```
    varyFramesOne:'varyFrames'
})
```

20.3.4 mutation 对象

修改 Vuex 的 store 中的数据，唯一方法就是提交 mutation。Vuex 中的 mutation 类似于事件。每个 mutation 都有一个字符串的事件类型（type）和一个回调函数（handler）。这个回调函数就是实际进行数据修改的地方，并且它会接收 state 作为第一个参数。

下面在项目中添加 2 个<button>标签，修改的数据将会渲染到组件中。

修改 index.js 文件的代码如下（注意代码中加粗部分）：

```javascript
import { createStore } from 'vuex'

export default createStore({
  state: {
      name:"洗衣机",
      price:8600
  },
  getters: {
      getterPrice(state){
          return state.price+=300
      }
  },
  mutations: {
      addPrice(state,obj){
          return state.price+=obj.num;
      },
      subPrice(state,obj){
          return state.price -=obj.num;
      }
  },
  actions: {
  },
  modules: {
  }
})
```

修改 HelloWorld.vue 的代码如下（注意代码中加粗部分）：

```html
<template>
  <div>
    <h1>商品名称：{{ name }}</h1>
    <h1>商品的最新价格：{{ price }}</h1>
    <button @click="handlerAdd()">涨价</button>
    <button @click="handlerSub()">降价</button>
  </div>
</template>
<script>
export default {
  name: 'HelloWorld',
  computed: {
      name(){
          return this.$store.state.name
```

```
            },
        price(){
            return this.$store.state.price
        },
        getPrice(){
            return this.$store.getters.getterPrice
        }
    },
    methods: {
        handlerAdd(){
            this.$store.commit("addPrice",{
                num:100
            })
        },
        handlerSub(){
            this.$store.commit("subPrice",{
                num:100
            })
        },
    },
    }
</script>
```

重新运行项目，单击"涨价"按钮，商品的最新价格增加 100；单击"降价"按钮，商品的最新价格减少 100。效果如图 20-14 所示。

图 20-14　mutation 对象

20.3.5　action 对象

action 类似于 mutation，不同之处在于：

（1）action 提交的是 mutation，而不是直接变更数据状态。

（2）action 可以包含任意异步操作。

在 Vuex 中提交 mutation 是修改状态的唯一方法，并且这个过程是同步的，异步逻辑都应该封装到 aaction 对象中。

action 函数接收一个与 store 实例具有相同方法和属性的 context 对象，因此可以调用 context.commit 提交一个 mutation，或者通过 context.state 和 context.getters 来获取 state 和 getters 中

的数据。

继续修改 myvuex 项目，使用 action 对象执行异步操作，单击"异步降价（3 秒后执行）"按钮后，异步操作将在 3 秒后执行。

修改 index.js 文件的代码如下（注意代码中加粗部分）：

```
import { createStore } from 'vuex'
export default createStore({
  state: {
      name:"洗衣机",
      price:8600
  },
  getters: {
      getterPrice(state){
        return state.price+=300
      }
  },
  mutations: {
      addPrice(state,obj){
          return state.price+=obj.num;
      },
      subPrice(state,obj){
          return state.price-=obj.num;
      }
  },
  actions: {
      addPriceasy(context){
          setTimeout(()=>{
              context.commit("addPrice",{
              num:100
           })
          },3000)
      },
      subPriceasy(context){
          setTimeout(()=>{
              context.commit("subPrice",{
              num:100
           })
          },3000)
      }
  },
  modules: {
  }
})
```

修改 HelloWorld.vue 的代码如下（注意代码中加粗部分）：

```
<template>
 <div>
   <h1>商品名称：{{ name }}</h1>
   <h1>商品的最新价格：{{ price }}</h1>
   <button @click="handlerAdd()">涨价</button>
   <button @click="handlerSub()">降价</button>
   <button @click="handlerAddasy()">异步涨价(3 秒后执行)</button>
   <button @click="handlerSubasy()">异步降价(3 秒后执行)</button>
```

```
    </div>
  </template>
  <script>
  export default {
    name: 'HelloWorld',
    computed: {
        name(){
            return this.$store.state.name
         },
        price(){
            return this.$store.state.price
         },
        getPrice(){
            return this.$store.getters.getterPrice
        }
      },
    methods: {
        handlerAdd(){
            this.$store.commit("addPrice",{
                num:100
            })
         },
        handlerSub(){
            this.$store.commit("subPrice",{
                num:100
            })
         },
        handlerAddasy(){
            this.$store.dispatch("addPriceasy")
         },
        handlerSubasy(){
            this.$store.dispatch("subPriceasy")
         },
      },
   }
  </script>
```

重新运行项目，页面效果如图 20-15 所示。单击"异步降价（3 秒后执行）"按钮，可以发现页面中的商品最新价格在 3 秒后减少 100。

图 20-15　action 对象

第21章

开发网上商城项目

本章将开发网上购物商城系统。该商城的主要功能包括用户注册和登录功能、网站介绍功能、商品介绍功能、商品交易功能等。本商城主要售卖的商品为电器，用户可以根据商品的介绍选择适合自己的商品，进行下单购买和支付操作。通过本章的学习，读者可以进一步积累项目开发经验。

21.1　系统功能模块

在开发网上购物系统网站之前，需要分析该系统需要有哪些功能。通过不同的功能划分不同的模块去开发是比较高效的方法。网上购物系统的功能模块图如图21-1所示。

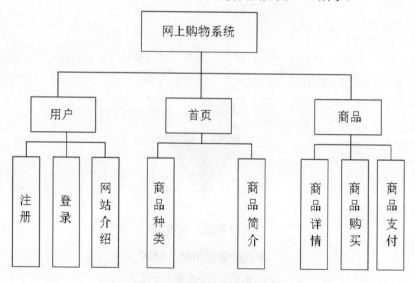

图 21-1　网上购物系统的功能模块图

21.2　系统结构分析

该网上购物商城的系统结构如图 21-2 所示。

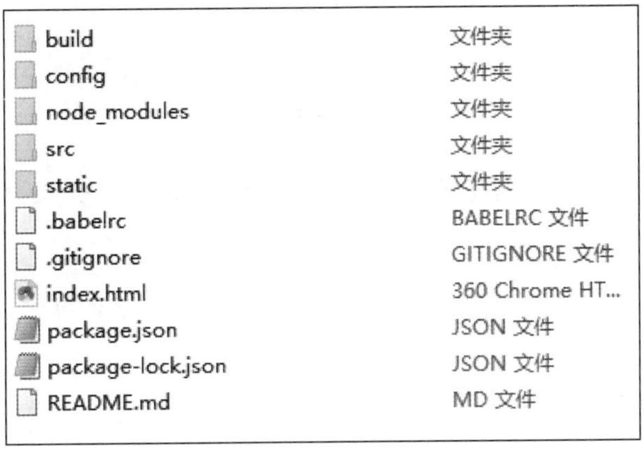

build	文件夹
config	文件夹
node_modules	文件夹
src	文件夹
static	文件夹
.babelrc	BABELRC 文件
.gitignore	GITIGNORE 文件
index.html	360 Chrome HT...
package.json	JSON 文件
package-lock.json	JSON 文件
README.md	MD 文件

图 21-2　系统结构

针对系统结构中的配置解释如下：

（1）build 文件夹：是 webpack 的打包编译配置文件。

（2）config 文件夹：存放的是一些配置项，比如服务器访问的端口配置等。

（3）node_modules 文件夹：安装 Node 后用来存放包管理工具下载安装的包，比如 webpack、gulp、grunt 这些工具。

（4）package.json 文件：项目配置文件。

（5）src 文件夹：为项目主目录。

（6）static 文件夹：为 Vue 项目的静态资源。

（7）index.html 文件：整个项目的入口文件，将会引用根组件。

21.3　系统运行效果

打开 DOS 系统窗口，使用 cd 命令进入购物商城的系统文件夹 shopping，然后执行 npm run serve 命令，如图 21-3 所示。

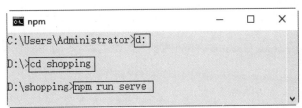

图 21-3　执行 npm run serve 命令

接着会跳转出如图 21-4 所示的页面，表示系统运行成功。

图 21-4　系统成功运行

把网址复制到浏览器中，打开后就能访问本章开发的网上购物系统。

21.4　系统功能模块的设计与实现

根据系统需求，本节将对系统中的各个模块进行详细说明，具体包括模块的构成和模块中的代码分析。

21.4.1　首页头部组件

在系统首页头部组件的左上角的"小房子"是返回首页的按钮，右上角是新用户"注册"和用户"登录"的入口，以及"关于"网站的介绍。如图 21-5 所示。

图 21-5　首页头部组件

网上购物系统中"登录"功能、"注册"功能和"关于"功能都在 App.vue 文件中进行设置，核心代码如下：

```
<template>
  <div>
    <div class="app-head">
      <div class="app-head-inner">
        <router-link :to="{name: 'index'}" class="head-logo">
          <img src="./assets/logo.png">
        </router-link>
        <div class="head-nav">
          <ul class="nav-list">
            <li @click="showDialog('isShowLogin')">登录</li>
            <li class="nav-pile">|</li>
            <li @click="showDialog('isShowReg')">注册</li>
            <li class="nav-pile">|</li>
            <li @click="showDialog('isShowAbout')">关于</li>
          </ul>
        </div>
      </div>
    </div>
    <div class="container">
      <keep-alive>
```

```
            <router-view></router-view>
          </keep-alive>
      </div>
      <div class="app-foot">
        <p>© 2022 风云网上购物商城</p>
      </div>
      <this-dialog :is-show="isShowAbout" @on-close="hideDialog('isShowAbout')
">
        <p>本平台主要销售电器类商品。如果遇到问题，请联系平台开发者的微信 codehome6，从而获取
技术支持。</p>
      </this-dialog>
      <this-dialog :is-show="isShowLogin" @on-close="hideDialog('isShowLogin')
">
        <login-form @on-success="" @on-error=""></login-form>
      </this-dialog>
    </div>
  </template>
  <script>
  import ThisDialog from '@/components/base/dialog'
  import LoginForm from '@/components/logForm'
  export default {
    name: 'app',
    components: {
      ThisDialog,
      LoginForm
    },
    data: function () {
      return {
        isShowAbout: false,
        isShowLogin: false,
        isShowReg: false
      }
    },
    methods: {
      showDialog (param) {
        this[param] = true
      },
      hideDialog (param) {
        this[param] = false
      }
    }
  }
  </script>
```

21.4.2 首页信息模块

系统首页的左侧是商品分类列表，包括全部产品和热销产品，右侧显示商品的名称、图片、介
绍，并包含"立即购买"按钮，如图 21-6 所示。

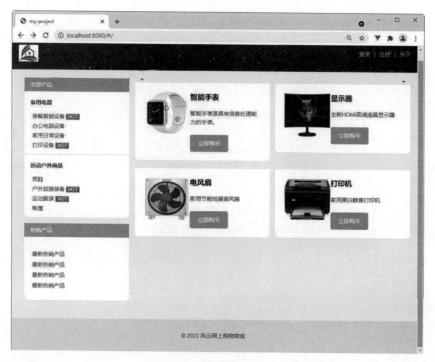

图 21-6　系统首页

首页信息介绍的文件为 mock.js，其核心代码如下：

```
import Mock from 'mockjs'
Mock.mock(/getNewsList/, {
    'list|4': [{
        'url': '#',
        'title': '最新热销产品'
    }]
})
Mock.mock(/getPrice/, {
    'number|1-100': 100
})
Mock.mock(/createOrder/, 'number|1-100')
Mock.mock(/getBoardList/, [
    {
        title: '智能手表',
        description: '智能手表是具有信息处理能力的手表。',
        id: 'car',
        toKey: 'count',
        saleout: '@boolean'
    },
    {
        title: '显示器',
        description: '全新 HDMI 高清液晶显示器',
        id: 'earth',
        toKey: 'analysis',
        saleout: '@boolean'
    },
    {
```

```
                title: '电风扇',
                description: '家用节能低噪音风扇',
                id: 'loud',
                toKey: 'forecast',
                saleout: '@boolean'
            },
            {
                title: '打印机',
                description: '家用黑白静音打印机',
                id: 'hill',
                toKey: 'publish',
                saleout: '@boolean'
            }
    ])
    Mock.mock(/getProductList/, {
        pc: {
            title: '家用电器',
            list: [
                {
                    name: '穿戴智能设备',
                    url: '#',
                    hot: '@boolean'
                },
                {
                    name: '办公电脑设备',
                    url: '#',
                    hot: '@boolean'
                },
                {
                    name: '家用日常设备',
                    url: '#',
                    hot: '@boolean'
                },
                {
                    name: '打印设备',
                    url: '#',
                    hot: '@boolean'
                }
            ]
        },
        app: {
            title: '运动户外商品',
            last: true,
            list: [
                {
                    name: '男鞋',
                    url: '#',
                    hot: '@boolean'
                },
                {
                    name: '户外旅游装备',
                    url: '#',
                    hot: '@boolean'
                },
                {
```

```
            name: '运动服装',
            url: '#',
            hot: '@boolean'
          },
          {
            name: '帐篷',
            url: '#',
            hot: '@boolean'
          }
        ]
      }
}))
Mock.mock(/getTableData/, {
    "total": 25,
    "list|25": [
      {
        "orderId": "@id",
        "product": "@ctitle(4)",
        "version": "@ctitle(3)",
        "period": "@integer(1,5)年",
        "buyNum": "@integer(1,8)",
        "date": "@date()",
        "amount": "@integer(10, 500)元"
      }
    ]
}))
```

21.4.3 用户注册与登录模块

当用户使用网上购物平台时，首先要做的就是注册和登录，拥有账号之后才能进行购买。用户登录界面如图 21-7 所示，用户输入已经注册的用户名和密码后，单击"登录"按钮登录系统。若输入错误则提示重新输入。

图 21-7　用户登录界面

登录系统时所用到的代码如下：

```
<template>
  <div class="login-form">
    <div class="g-form">
      <div class="g-form-line" v-for="formLine in formData">
        <span class="g-form-label">{{ formLine.label }}: </span>
        <div class="g-form-input">
          <input type="text" v-model="formLine.model" placeholder="请输入用户名">
        </div>
      </div>
      <div class="g-form-line">
        <div class="g-form-btn">
          <a class="button" @click="onLogin">登录</a>
        </div>
      </div>
    </div>
  </div>
</template>
<script>
  export default {
    props: {
      'isShow': 'boolean'
    },
    data () {
      return {
      }
    },
    computed: {
      userErrors () {
        let status, errorText
        if (!/@/g.test(this.usernameModel)) {
          status = false
          errorText = '必须包含@'
        }
        else {
          status = true
          errorText = ''
        }
        return {
          status,
          errorText
        }
      },
      passwordErrors () {
        let status, errorText
        if (!/@/g.test(this.usernameModel)) {
          status = false
          errorText = '必须包含@'
        }
        else {
          status = true
          errorText = ''
        }
        return {
```

```
            status,
            errorText
        }
    }
},
methods: {
    closeMyself () {
        this.$emit('on-close')
    }
}
}
</script>
```

21.4.4 商品模块

在首页上，有四个商品的介绍，它们对应的代码文件如图 21-8 所示。下面以显示器商品的 analysis.vue 模块为例进行讲解。

analysis.vue	VUE 文件
count.vue	VUE 文件
forecast.vue	VUE 文件
publish.vue	VUE 文件

图 21-8 商品模块代码文件

在首页的显示器商品处单击"立即购买"按钮后，进入到显示器的购买界面（见图 21-9），界面中包含显示器的分类、价格、说明、视频讲解等多方面的介绍。当用户选择好需要购买的商品后，可以针对自己的需求设置相应的购买数量、产品颜色、售后时间、产品尺寸等进行购买。

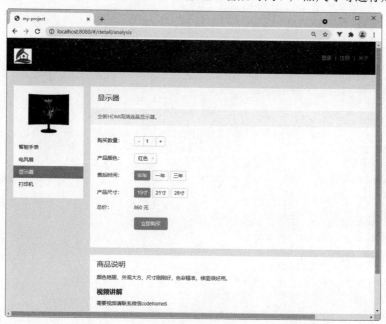

图 21-9 商品购买界面

显示器商品模块文件 analysis.vue 的核心代码如下：

```
<template>
  <div class="sales-board">
    <div class="sales-board-intro">
      <h2>显示器</h2>
      <p>全新 HDMI 高清液晶显示器。</p>
    </div>
    <div class="sales-board-form">
      <div class="sales-board-line">
        <div class="sales-board-line-left">
          购买数量：
        </div>
        <div class="sales-board-line-right">
          <v-counter @on-change="onParamChange('buyNum', $event)"></v-counter>
        </div>
      </div>
      <div class="sales-board-line">
        <div class="sales-board-line-left">
          产品颜色：
        </div>
        <div class="sales-board-line-right">
          <v-selection :selections="buyTypes" @on-change="onParamChange('buyType', $event)"></v-selection>
        </div>
      </div>
      <div class="sales-board-line">
        <div class="sales-board-line-left">
          售后时间：
        </div>
        <div class="sales-board-line-right">
          <v-chooser
          :selections="periodList"
          @on-change="onParamChange('period', $event)"></v-chooser>
        </div>
      </div>
      <div class="sales-board-line">
        <div class="sales-board-line-left">
          产品尺寸：
        </div>
        <div class="sales-board-line-right">
          <v-mul-chooser
          :selections="versionList"
          @on-change="onParamChange('versions', $event)"></v-mul-chooser>
        </div>
      </div>
      <div class="sales-board-line">
        <div class="sales-board-line-left">
          总价：
        </div>
        <div class="sales-board-line-right">
```

```
                    {{ price*10 }} 元
                </div>
            </div>
        <div class="sales-board-line">
            <div class="sales-board-line-left"> </div>
            <div class="sales-board-line-right">
                <div class="button" @click="showPayDialog">
                    立即购买
                </div>
            </div>
        </div>
    </div>
    <div class="sales-board-des">
      <h2>商品说明</h2>
      <p>颜色艳丽、外观大方、尺寸刚刚好，色彩精准，修图很好用。</p>
      <h3>视频讲解</h3>
      <ul>
        <li>需要视频请联系微信 codehome6</li>
      </ul>
    </div>
    <my-dialog :is-show="isShowPayDialog" @on-close="hidePayDialog">
      <table class="buy-dialog-table">
        <tr>
          <th>购买数量</th>
          <th>产品类型</th>
          <th>售后时间</th>
          <th>产品版本</th>
          <th>总价</th>
        </tr>
        <tr>
          <td>{{ buyNum }}</td>
          <td>{{ buyType.label }}</td>
          <td>{{ period.label }}</td>
          <td>
            <span v-for="item in versions">{{ item.label }}</span>
          </td>
          <td>{{ price*10 }}</td>
        </tr>
      </table>
      <h3 class="buy-dialog-title">请选择银行</h3>
      <bank-chooser @on-change="onChangeBanks"></bank-chooser>
      <div class="button buy-dialog-btn" @click="confirmBuy">
        确认购买
      </div>
    </my-dialog>
    <my-dialog :is-show="isShowErrDialog" @on-close="hideErrDialog">
      支付失败！
    </my-dialog>
    <check-order :is-show-check-dialog="isShowCheckOrder" :order-id="orderI
d" @on-close-check-dialog="hideCheckOrder"></check-order>
```

```
    </div>
</template>
<script>
import VSelection from '../../components/base/selection'
import VCounter from '../../components/base/counter'
import VChooser from '../../components/base/chooser'
import VMulChooser from '../../components/base/multiplyChooser'
import Dialog from '../../components/base/dialog'
import BankChooser from '../../components/bankChooser'
import CheckOrder from '../../components/checkOrder'
import _ from 'lodash'
import axios from 'axios'
export default {
  components: {
    VSelection,
    VCounter,
    VChooser,
    VMulChooser,
    MyDialog: Dialog,
    BankChooser,
    CheckOrder
  },
  data () {
    return {
      buyNum: 0,
      buyType: {},
      versions: [],
      period: {},
      price: 1000,
      versionList: [
        {
          label: '19寸',
          value: 0
        },
        {
          label: '21寸',
          value: 1
        },
        {
          label: '28寸',
          value: 2
        }
      ],
      periodList: [
        {
          label: '半年',
          value: 0
        },
        {
          label: '一年',
```

```
        value: 1
      },
      {
        label: '三年',
        value: 2
      }
    ],
    buyTypes: [
      {
        label: '红色',
        value: 0
      },
      {
        label: '黑色',
        value: 1
      },
      {
        label: '灰色',
        value: 2
      }
    ],
    isShowPayDialog: false,
    bankId: null,
    orderId: null,
    isShowCheckOrder: false,
    isShowErrDialog: false
  }
},
methods: {
  onParamChange (attr, val) {
    this[attr] = val
    this.getPrice()
  },
  getPrice () {
    let buyVersionsArray = _.map(this.versions, (item) => {
      return item.value
    })
    let reqParams = {
      buyNumber: this.buyNum,
      buyType: this.buyType.value,
      period: this.period.value,
      version: buyVersionsArray.join(',')
    }
    axios.post('/api/getPrice', reqParams)
    .then((res) => {
      this.price = res.data.number
    })
  },
  showPayDialog () {
    this.isShowPayDialog = true
```

```
    },
    hidePayDialog () {
      this.isShowPayDialog = false
    },
    hideErrDialog () {
      this.isShowErrDialog = false
    },
    hideCheckOrder () {
      this.isShowCheckOrder = false
    },
    onChangeBanks (bankObj) {
      this.bankId = bankObj.id
    },
    confirmBuy () {
      let buyVersionsArray = _.map(this.versions, (item) => {
        return item.value
      })
      let reqParams = {
        buyNumber: this.buyNum,
        buyType: this.buyType.value,
        period: this.period.value,
        version: buyVersionsArray.join(','),
        bankId: this.bankId
      }
      axios.post('/api/createOrder', reqParams)
      .then((res) => {
        this.orderId = res.data.orderId
        this.isShowCheckOrder = true
        this.isShowPayDialog = false
      })
      .catch((err) => {
        this.isShowBuyDialog = false
        this.isShowErrDialog = true
      })
    }
  },
  mounted () {
    this.buyNum = 1
    this.buyType = this.buyTypes[0]
    this.versions = [this.versionList[0]]
    this.period = this.periodList[0]
    this.getPrice()
  }
}
</script>
```

21.4.5　购买模块

　　当用户选择好所要购买的商品后，在图 21-9 所示的界面上单击"立即购买"按钮，弹出如图 21-10 所示的购买付款窗口，提示用户选择支付银行并确认购买。

图 21-10　弹出购买付款窗口

关于购买模块银行卡支付的代码如下：

```
<template>
  <div class="chooser-component">
  <ul class="chooser-list">
    <li v-for="(item, index) in banks" @click="chooseSelection(index)"
      :title="item.label"
      :class="[item.name, {active: index === nowIndex}]">
    </li>
  </ul>
  </div>
</template>
<script>
  export default {
    data () {
      return {
        nowIndex: 0,
        banks: [{
          id: 201,
          label: '招商银行',
          name: 'zhaoshang'
        },
        {
          id: 301,
          label: '中国建设银行',
          name: 'jianshe'
        },
        {
          id: 101,
          label: '中国工商银行',
          name: 'gongshang'
        },
        {
```

```
        id: 401,
        label: '中国农业银行',
        name: 'nongye'
      },
      {
        id: 1201,
        label: '中国银行',
        name: 'zhongguo'
      },]
      }
    },
    methods: {
      chooseSelection (index) {
      this.nowIndex = index
      this.$emit('on-change', this.banks[index])
      }
    }
  }
</script>
```

21.4.6　支付模块

用户选中支付银行后，单击"确认购买"按钮，弹出如图 21-11 所示的支付状态窗口，让用户查看自己是否支付成功。

图 21-11　支付状态窗口

实现显示用户是否支付成功的界面的代码如下：

```
<template>
  <div>
    <this-dialog :is-show="isShowCheckDialog" @on-close="checkStatus">
      请检查你的支付状态！
    <div class="button" @click="checkStatus">
      支付成功
    </div>
    <div class="button" @click="checkStatus">
      支付失败
```

```
            </div>
        </this-dialog>
        <this-dialog :is-show="isShowSuccessDialog" @on-close="toOrderList">
            购买成功！
        </this-dialog>
        <this-dialog :is-show="isShowFailDialog" @on-close="toOrderList">
            购买失败！
        </this-dialog>
      </div>
  </template>
  <script>
      import Dialog from './base/dialog'
      import axios from 'axios'
      export default {
        components: {
          thisDialog: Dialog
        },
        props: {
          isShowCheckDialog: {
            type: Boolean,
            default: false
          },
          orderId: {
            type: [String, Number]}
        },
        data () {
          return {
            isShowSuccessDialog: false,
            isShowFailDialog: false
          }
        },
        methods: {
          checkStatus () {
            axios.post('/api/checkOrder', {
              orderId: this.orderId
            })
            .then((res) => {
              this.isShowSuccessDialog = true
              this.$emit('on-close-check-dialog')
            })
            .catch((err) => {
              this.isShowFailDialog = true
              this.$emit('on-close-check-dialog')
            })
          },
          toOrderList () {this.$router.push({path: '/orderList'})}
        }
      }
  </script>
```